"十三五"职业教育国家规划教材　　 高等职业教育数字艺术设计
新形态一体化教材

数字影像处理 1+X 职业技能等级证书
配套系列教材

Photoshop 2022
中文版案例教程（第3版）

Photoshop 2022 Zhongwenban

Anli Jiaocheng

李涛　主编

中国教育出版传媒集团

高等教育出版社·北京

内容提要

本书为"十三五"职业教育国家规划教材，也是数字影像处理1+X职业技能等级证书配套系列教材之一，由《数字影像处理职业技能等级标准》培训评价组织中摄协国际文化传媒（北京）有限公司及标准联合研制单位北京良知塾数字科技有限公司指导编写。

本书详细介绍Photoshop 2022的基础知识、操作方法及项目应用。全书共分3篇："基础篇"介绍数字影像设计与处理的基本原则、流程和Photoshop各功能模块的使用方法，读者通过学习实例可以达到初步了解软件主要功能的目的；"方法篇"通过对修瑕、绘制、抠像、调色与材质的讲解，让读者从方法论的角度深入了解Photoshop在商业实例中的核心功能，掌握多种技能手段，提高灵活处理具体实例的能力；"案例篇"采用项目化编写模式，选取创意合成、标志、海报和包装4个重点数字图像设计领域里的经典商业化案例来整合工具详解、项目流程和行业知识，旨在培养和提升读者的综合设计能力。

本书配有微课视频、授课用PPT、案例素材、习题答案等丰富的数字化学习资源。与本书配套的数字课程"Photoshop 中文版案例教程"在"智慧职教"平台（www.icve.com.cn）上线，学习者可以登录平台进行在线学习，授课教师可以调用本课程构建符合教学特色的SPOC课程，详见"智慧职教"服务指南。教师也可发邮件至编辑邮箱1548103297@qq.com获取相关教学资源。院校及培训机构教师、证书考生等，均可登录数字影像处理1+X职业技能课证融通服务平台"良知塾"，获得更多的数字影像处理技能相关案例资源、年度1+X相关考试计划、数字影像处理相关省培/国培与更多双师培训计划以及其他书证融通服务及工具。

本书为中职、高职及应用型本科院校艺术设计类和计算机类相关专业的影像设计与处理类课程授课用书，也是数字影像处理1+X职业技能等级证书学习认证教材，还可作为各类设计类培训课程的教学用书及数字图像爱好者的自学指导书。

图书在版编目（CIP）数据

Photoshop 2022中文版案例教程／李涛主编. -- 3版. -- 北京：高等教育出版社，2023.2
ISBN 978-7-04-059500-0

Ⅰ. ①P… Ⅱ. ①李… Ⅲ.①图像处理软件-高等职业教育-教材 Ⅳ. ①TP391.413

中国版本图书馆CIP数据核字（2022）第195671号

策划编辑	刘子峰	责任编辑	刘子峰	封面设计	杨立新	版式设计	杜微言
责任绘图	杨伟露	责任校对	张 薇	责任印制	赵 振		

出版发行	高等教育出版社	网 址	http://www.hep.edu.cn	
社 址	北京市西城区德外大街4号		http://www.hep.com.cn	
邮政编码	100120	网上订购	http://www.hepmall.com.cn	
印 刷	高教社（天津）印务有限公司		http://www.hepmall.com	
开 本	850mm×1168mm 1/16		http://www.hepmall.cn	
印 张	18	版 次	2012年10月第1版	
字 数	480千字		2023年2月第3版	
购书热线	010-58581118	印 次	2023年2月第1次印刷	
咨询电话	400-810-0598	定 价	59.80元	

本书如有缺页、倒页、脱页等质量问题，请到所购图书销售部门联系调换
版权所有 侵权必究
物 料 号 59500-00

"智慧职教"服务指南

"智慧职教"（www.icve.com.cn）是由高等教育出版社建设和运营的职业教育数字教学资源共建共享平台和在线课程教学服务平台，与教材配套课程相关的部分包括资源库平台、职教云平台和App等。用户通过平台注册，登录即可使用该平台。

● 资源库平台：为学习者提供本教材配套课程及资源的浏览服务。

登录"智慧职教"平台，在首页搜索框中搜索"Photoshop中文版案例教程"，找到对应作者主持的课程，加入课程参加学习，即可浏览课程资源。

● 职教云平台：帮助任课教师对本教材配套课程进行引用、修改，再发布为个性化课程（SPOC）。

1. 登录职教云平台，在首页单击"新增课程"按钮，根据提示设置要构建的个性化课程的基本信息。

2. 进入课程编辑页面设置教学班级后，在"教学管理"的"教学设计"中"导入"教材配套课程，可根据教学需要进行修改，再发布为个性化课程。

● App：帮助任课教师和学生基于新构建的个性化课程开展线上线下混合式、智能化教与学。

1. 在应用市场搜索"智慧职教icve"App，下载安装。

2. 登录App，任课教师指导学生加入个性化课程，并利用App提供的各类功能，开展课前、课中、课后的教学互动，构建智慧课堂。

"智慧职教"使用帮助及常见问题解答请访问help.icve.com.cn。

前言

课程介绍

继2012年第1版、2017年第2版之后，这是本书的再次修订升级。期间，国家发布了《国家职业教育改革实施方案》（2019年）和《关于加强新时代高技能人才队伍建设的意见》（2022年）等一系列指导性文件，使我国职业教育面貌发生了格局性变化。同时，1+X证书制度试点工作有序开展。由中摄协国际文化传媒（北京）有限公司和北京良知塾数字科技有限公司共同制定的"数字影像处理"1+X职业技能等级标准通过了审核，成为试点职业技能证书。证书的配套教材是书证融通的重要抓手，也是本次修订的背景和目标。

职业技能，即就业所需的技术和能力。学生是否具备良好的职业技能是能否顺利就业的前提，而通过技能的不断熟练和进阶，最终成为高技能人才，则即符合社会经济发展对人才的需要，也为构建人才强国贡献了自己的力量。

人才历来被视为第一资源，也是深入实施人才强国战略的根本所在。如何培养更多的技能型人才，并使其一部分升级成为高技能人才，则是职业教育改革的重心。我国的职业教育正在为推进中国式现代化建设进行优化布局。这其中，以1+X职业技能等级证书的推广尤为亮眼。

"1"是学历证书，"X"是职业技能证书，1+X即学历教育与职业技能的深度融合。由各行业知名企业制定的"X"标准和行业规范，与院校的教学过程深度互通，职业教育就能立足行业需求，更好地服务就业。随着社会新职业类型的扩展和灵活转换就业技能的需要，伴随着终身学习制度的逐步完善，学分银行的有序推进，技能等级认证标准正在成为国家职业教育大局中的一个重要组成部分。

为此，我们专门组建行业专家和头部企业共同制定了《数字影像处理职业技能等级标准》，这是对数字影像进行采集、管理、提升、输出的完整技能，是影像后期类、摄影类、设计类、编辑类相关职业的必备技能，也是面向数字图像时代的基本技能。

为了将标准转化为教材，我们围绕如何将典型工作任务进行分析，将工作领域和学习领域进行转换，从而构建理实一体的情境化教学过程，设计出具有职业性的学习情境；从行业、产业以及头部企业对专业人才的需求入手，对相应岗位群所需进行调研分析；按照学生认知规律，将具有教学价值的典型工作任务设计为教学技能包，通过专业课程体系、工作情境再现等方式，完成了从工作任务到技能提取再到教学实践的三重转换。

在全面实施"技能中国行动"的背景下，国家要求实现技能型人才占就业人员的比例达到30%以上，高技能人才占技能人才的比例达到1/3，这都对技能型人才的培养形式提出了更高的要求。除了技能教学案例的研发，我们也积极探索中国特色学徒制，并且与全国多个职业院校开展校企合作，通过名师带徒、技能研修、岗位练兵、技能竞赛、技术交流等形式，开放式培训高技能人才。其中，北京市昌平职业学校还在校内设立了"数字影像处理与呈现研究中心""李涛技能大师工作室"等创新工作室，为定期组织开展研修交流活动创造了条件并给予了大力支持。

在职业教育的探索与实践过程中，我们联系行业领先企业与院校深层互动。从标准的设计、人才培养方案的制定到企业项目转化、双师培训、考试判卷、学生就业指导等，均与企业和院校充分研讨，大量聘请行业与院校专家开展工作。本书中的项目设计、知识点整理、素材拍摄也都由行业优秀企业参与完成。

凭借扎实的技能标准与优秀的专家团队，我们在院校中积极开展工作，每年稳定开展国培、省培和1+X教师培训项目，以及1+X标准教材、教案课件等院校服务。在《数字影像处理职业技能等级证书》推广实施的这一年多来，我们帮助职业学校培训了500多名双师型教师和实习实训指导教师，考评了近两万名学生并使他们获得了初、中级技能证书，取证数量在数字艺术类证书中名列前茅。在严格、公平、公开的前提下，关于高级证书的认证推广也在有序进行，这将为打造新时代创新人才聚集的高地筹备新力量。

身处新时代，职业技能的学习和掌握是追求美好生活的保障。随着职业技能培训实名制管理工作的推进，以社会保障卡为载体的劳动者终身职业技能培训电子档案将建立，终身职业技能培训制度将与个人发展相衔接。在国家学分银行，数字影像处理职业技能等级已经完成了学分认定和转换互认。一技傍身，终身受用的时代已经到来。

万事俱备，让我们撸起袖子，学好新技能，做新时代人才，做高技能人才！

本书介绍

本书为"十三五"职业教育国家规划教材。在本书的编写过程中，我们避免软件说明或案例罗列式的旧形态，在技能梳理上秉承"少即多，多则惑"的理念，力求更加简洁、准确，将传授"方法"和获取"技能"作为核心内容，最终"磨"出了这本教材。数字影像处理职业技能等级证书分为初级、中级、高级，本书是初级证书的配套教材。

Photoshop是数字影像处理行业的重要工具，除了基础知识和操作方法外，商业应用项目中的典型工作任务如何改进为案例技能点，融会于日常教学中，在此次修订中是重中之重。修订后全书共分3篇：基础篇介绍数字影像设计与处理的基本原则、流程和Photoshop各功能模块的使用方法，通过学习实例达到初步了解软件主要功能的目的；方法篇通过对修瑕、抠像、调色与材质的讲解，让读者从方法论的角度深入了解Photoshop在商业实例中的核心功能，掌握多种技能手段，提高灵活处理具体实例的能力；案例篇以项目化编写模式，选取创意合成、海报、标志和包装4个重点数字图像设计领域里的多个经典商业化案例来整合工具详解、项目流程和行业知识，旨在培养和提升学习者的综合设计制作能力。

主要修订内容

随着软件版本及相关技术的不断更新和设计内容的不断丰富，为了满足数字艺术设计应用型人才培养需求，加快推进党的二十大精神进教材、进课堂、进头脑，同时能及时反映产业升级和行业发展动态，编者紧跟设计行业理念、技术发展，并结合目前最新的数字艺术类课程教改成果，从以下几个方面对教材内容进行了修订更新：

1. 软件版本升级为Photoshop 2022，增加部分新功能讲解，更新并优化了案例的操作步骤介绍，同步录制了更加精致、清晰的微课视频，手机扫描二维码即可随扫随学。

2. 在各章现有学习要求的基础上，深入挖掘平面设计师应当具备的核心能力与素质，在章首页通过二维码的形式进行教学指引，重点培养学生的基本美学鉴赏与表达能力、艺术创新创作思维、设计师职业道德与职业操守、民族文化自信与文化传承精神等基本职业素养，落实新时代德才兼备的高素质艺术设计类人才培养要求。

3. 在保持原有教材结构的前提下，扩充了基础知识和基本技能部分的详细内容，增加并优化了方法篇里修瑕等核心技能的讲解。在各章案例赏析、行业知识等模块中加入大量具有中国元素或者能体现中式传统及现在美学特色的经典设计作品，如中国风文创展示、水墨中国画画笔效果、民族品牌标志设计、中国航天梦宣传海报等，通过兴文化、展形象等方式提炼展示中华文明的精神标识和文化精髓，增强学生的文化自信与美学修为，并激发其文化创新创造活力，为推动我国文化事业和文化产业的繁荣发展打下坚实基础。

4. 各章节新增1+X职业技能等级证书要求对照表，在附录部分补充了相关1+X职业技能等级标准及证书的相关知识介绍，兼顾目前的技能培养与考试需求，也方便教师按照章节结构灵活安排课时，强化职业技能培养在当代文化文艺人才队伍建设中的关键作用，并体现高质量技能型人才的自主培养特色。

5. 丰富了配套实训和课后练习，新增了更多教学资源，并借助与本书对应的1+X书证融通数字服务平台优势，持续完善相关教学资源并同步更新在线开放课程，推动现代信息技术与教育教学的深度融合，落实国家文化数字化战略要求。

配套教学资源

本书配有微课视频、授课用PPT、案例素材、习题答案等丰富的数字化学习资源。与本书配套的数字课程"Photoshop 中文版案例教程"在"智慧职教"平台（www.icve.com.cn）上线，学习者可以登录平台进行在线学习，授课教师可以调用本课程构建符合教学特色的SPOC课程，详见"智慧职教"服务指南。教师也可发邮件至编辑邮箱1548103297@qq.com获取相关教学资源。

院校及培训机构教师、证书考生等，均可登录数字影像处理1+X职业技能课证融通服务平台"良知塾"，获得更多的数字影像处理技能相关案例资源、年度1+X相关考试计划、数字影像处理相关省培／国培与更多双师培训计划以及其他书证融通服务及工具。

本书由李涛主编，参与编写的还有刘子任、张天骐等。

由于编者水平有限，书中疏漏之处在所难免，恳请广大读者批评指正。

2023年1月于北京

基础篇

Chapter 1 数字图像设计基础

Chapter 2 Photoshop 2022的基本操作

方法篇

Chapter 3 修瑕

Chapter 4 绘制

Chapter 5 抠像

Chapter 6 调色

Chapter 7 材质

案例篇

Chapter 8 创意合成

Chapter 9 标志设计

Chapter 10 海报设计

Chapter 11 包装设计

基础篇

Chapter 1

数字图像设计基础

　　在学习数字图像处理与设计的相关技能之前，首先要对数字图像有一些了解。本章主要介绍数字图像设计的概念、数字图像设计项目的基本流程、数字图像设计的行业前景，并对 1+X 数字影像处理职业技能等级进行了简单的说明。

学习要求	知识技能点	学习目标			
		了解	掌握	熟练	运用
	数字图像设计的基本概念	▶			
	广告策划的流程与方法		▶		
	广告设计的流程与方法		▶		
	广告效果测试的流程与方法		▶		
	相关 1+X 职业技能等级标准	▶			

能力与素质
目标

1.1　数字图像设计的概念

随着数字化时代的到来，计算机技术在传统图像设计领域起到了巨大的变革作用，给这一领域带来了全新的表现性和便捷性，延伸出数字图像设计这一融科技与艺术于一体的跨学科领域，并使传统设计迈入现代设计。

数字图像设计的概念，从狭义上讲，特指以人为劳动者，以计算机图像处理软件为工具，对数字化影像素材进行加工处理，产生数字化作品或产品的创作过程。这是一种新的劳动技能。

数字图像设计服务的范围很广。在现实生活中，人们眼光所触及的一切信息，无论是在现实生活中还是在虚拟世界中，几乎每天都在接触与感受数字影像所呈现的信息传达，尤其在全球消费主义盛行的影响下，商品对图像的依赖和使用更可谓是"无处不在，无孔不入"。

目前数字图像设计可以服务摄影、视频媒体及平面设计、界面设计、艺术设计等众多与图像、影像打交道的领域，主要完成各类媒体图像、企业宣传图像、电商宣传图像、平面设计图像、广告产品图像和商业人像图像的设计与制作，以及广告合成、游戏场景合成、计算机美术绘图、3D贴图制作、商业图库修图、数字图像修复等工作。

这其中，数字影像处理是数字图像设计范围内更底层的一个技能，是对数字影像进行采集、管理、调整、呈现的完整方法，是从阅读、鉴别、处理、优化 4 种能力入手，面对当下图像时代所应具备的基本技能。

1.2　数字图像设计项目的基本流程

数字图像设计是一个有计划、有步骤、不断完善的过程，设计的成功与否很大程度上取决于理念是否准确、考虑是否完备。下面以广告设计为例，介绍数字图像设计项目的基本工作流程。广告设计是一个系统工程，是由广告公司各部门和客户协同的工程项目。广告公司在接手一个广告项目后，首先需要按照一定的程序有计划、有步骤地进行策划，然后交由设计制作部门进行相应的设计与制作。在广告播出后，还要对广告的效果进行测试。具体的设计流程如图 1-1 所示。

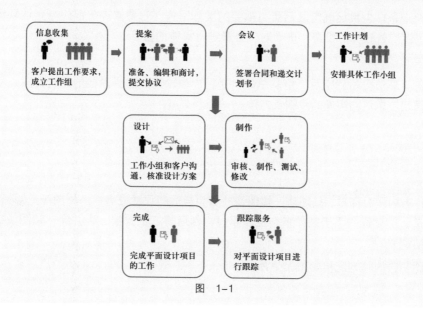

图　1-1

1.2.1 策划阶段 ▼

策划是根据广告主的营销计划和广告目标，在广告调查的基础上制订出一个与市场情况、产品情况、消费者群体相适应的经济、有效的广告企划方案，并予以实施和检验，从而为广告主的整体经营提供全面服务的活动。策划的内容很广泛，包括广告的目标、对象、媒体、时机、空间、创意以及策略等。广告策划阶段的主要工作内容有以下几方面。

1. 信息收集

信息收集是广告公司、工商企业或媒介单位等从事广告活动的机构，为了了解市场信息、编制方案、提供设计资料和检查广告效果而进行的调查活动。进行信息收集，就是要系统地收集各种有关市场及市场环境的资料，并用科学的研究方法进行分析，对企业的经营提出改进意见或建议，以提高企业经营管理效益和广告促销功效。在广告活动中，信息收集的全过程，就是通过收集产品从生产到消费全过程的有关资料，加以分析研究，从而确定广告的对象、诉求重点、表现手法和活动的策略等。

2. 确定广告目标

不同的企业在不同的时期，由于广告任务不同，具体的广告目标也不同。所以在了解广告环境和广告产品相关情况的基础上，应由企业的最高决策层会同营销部门负责人一起确定广告目标。

3. 确定广告主题与创意

广告主题是平面广告所要表达的中心思想，广告创意则是在广告策划全过程中确立和表达广告主题的创意性思维活动。应对广告产品和广告目标进行全面的考虑，通过一定的方法提炼出广告主题。

4. 选择广告策略

为了将广告主题和广告创意付诸实施，并取得理想的广告效果，必须对各种媒体、表现方式、地区情况、发布时机等进行多方面的研究，从而选择最合适的广告媒体、广告方式、广告的范围及广告时机，以便更好地实现设计目标。

5. 确定广告预算

预算的确定是广告目标确定之后更为重要的实际工作。它要求广告部门与企业营销部门、财务部门一起确定广告预算总投资，进而对广告费进行具体的预算、分配。

6. 广告决策

在以上各个环节分析确定后，应从总体上进行广告决策，选择最佳的组合方案，从而制订广告策划书，确定广告活动实施的步骤及方法。

1.2.2 设计制作阶段 ▼

设计制作有时十分简单，只须将一幅图像裁剪为合适的尺寸或者在一幅图像上添加文字即可；有时却很复杂，需要逐一手工制作多个图像素材，然后将它们剪接、合并到一幅图像中，并进行色调与色彩的调整。

广告设计制作的基本流程如图 1-2 所示。

1. 分析广告主题，确定构图方案

任何图像的设计和处理都应该围绕主题来进行，所以必须首先确定设计及制作的主题和目标，并进行初步的构图和色彩设计，确定基本构图形式和方案。

2. 确定图像的尺寸及背景

根据设计目标确定图像的图纸大小，从而为以后各个对象确定一个可比较的基准。如果是建立一幅新图，则应选择真彩色／灰度模式，也可以根据基本图像素材重采样或裁剪、放大到合适的尺寸。

3. 获取或制作基本素材

这一步是输入待处理的图像素材。商业环境中，主要的数字图像素材多为自行策划拍摄所得，辅助素材可直接从磁盘或光盘上复制，也可通过视频卡从视频图像中采集或从免费或付费的网络素材库中获取。如果原图是照片或印刷图片，则须用扫描仪输入。无论素材源自哪里，在使用过程中都需要建立版权意识，在授权许可的情况下使用。

4. 素材处理

首先在各基本素材图像中定义所需素材的选择区，把各种素材从基本素材图像中抠像，并置于基图的不同图层中，然后确定各个素材的大小、显示位置、显示顺序。这一步可能需要反复操作才能达到较理想的构图效果。

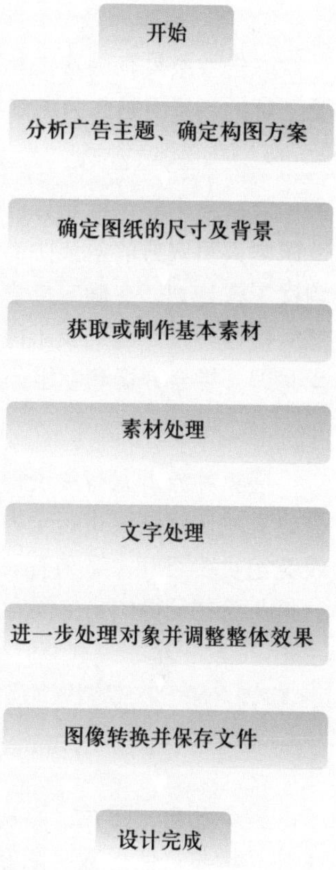

5. 文字处理

在使用 Photoshop 进行创作设计时，通常需要绘制一部分图或添加文字。绘制的图及文字可分别生成新的图层，以便对各图层进行编辑及调整图层的前后关系，而且各个图层在基图中的位置也可随意调整，以达到设计要求。

6. 进一步处理对象并调整整体效果

对图层中图像的处理包括图像的色调、边缘效果处理，以及其他一些效果处理等。应根据整体效果进行各部分的细调，以完成最终的图像作品。

7. 图像转换并保存文件

图像处理完成以后，建议保存为 PSD 格式的文件（Photoshop 源文件），以便保存各图层信息，方便将来进行进一步的调整。接着将处理完毕的图像进行转换，例如，为了减小占用的存储图像空间，可将真彩色图像转换为 256 色图像，然后按一定的通用图像格式（如 TIFF、JPEG 等）保存该图像。

```
开始
  ↓
分析广告主题、确定构图方案
  ↓
确定图纸的尺寸及背景
  ↓
获取或制作基本素材
  ↓
素材处理
  ↓
文字处理
  ↓
进一步处理对象并调整整体效果
  ↓
图像转换并保存文件
  ↓
设计完成
```

图 1-2

1.2.3 效果测试阶段 ▼

广告效果是指广告通过媒体传播之后，受众对其的结果性反应。这种影响可以分为对媒体受众的心理影响、社会观念影响和对广告产品销售的影响。

1. 确定效果测试的具体问题

广告效果具有层次性特点，测试人员要把广告主对广告宣传活动中存在的最关键和最迫切需要了解的效果问题作为测试的重点，设立正式的测试目标，选定测试课题。

2. 搜集有关资料

这一步主要包括制订计划、组建调查研究组、搜索资料和深入调查等内容。根据广告主与测试研究人员双方的洽谈协商结果，广告公司应该委派课题负责人写出与实际情况相符的广告效果测试工作计划。在确定广告效果测试课题并签订测试合同之后，测试研究部门组建测试研究组，然后按照测试课题的要求搜索有关资料，并对通过调查和其他方法所搜集的大量信息资料进行分类整理、综合分析和专题分析。

3. 论证分析结果

搜集并分析完有关资料后要论证分析结果，即召开分析结果论证会，运用科学的方法，对广告效果的测试结果进行全方位的评议、论证，使测试结果科学、合理。论证会应由广告效果测试研究组负责召开，邀请有关专家、学者参加，广告主相关负责人也应出席。广告策划者要对经过分析讨论并征得广告主同意的分析结果进行认真的文字加工，写成分析报告。

1.3　数字图像设计的行业前景

当今社会，图片、影视等视觉效果类信息呈爆炸式增长，使得数字图像设计与处理已逐渐成为计算机应用领域里的基本技能之一。因此，掌握了数字图像设计与处理技术，可以服务的行业范畴比传统平面设计领域有相当大的扩充。如图1-3所示，在艺术设计类岗位群，可以从事电商设计、广告设计、图书排版、商业图片合成等工作；在影像编辑类岗位群，可以服务于产品、人像等修图，基础的电脑美术效果制作；在专业摄影类岗位群，产品摄影、写真和艺术摄影、图库摄影等尤其要求对数字图像设计的技能掌握；在新媒体文字编辑类岗位群，文字信息的传播也要求图文并茂，运营、编辑、文秘、企业宣传都要求有基本的图像处理能力。

艺术设计类 岗位群	·电商设计 ·图书排版	·广告设计 ·商业图片合成
影像编辑类 岗位群	·产品修图 ·电脑美术	·人像修图 ·广播电视
专业摄影类 岗位群	·产品摄影 ·艺术摄影	·写真摄影 ·图库摄影
文字编辑类 岗位群	·新媒体运营 ·企业宣传	·新媒体编辑 ·新闻/文秘

图　1-3

如果以专业的数字图像设计师的标准来要求，那么需要具备以下几点基本素养：

① 强烈、敏锐的对环境、文字和图像的理解和感受能力。

② 不能一味地模仿，要有发现、联系和重组的能力。

③ 有基本的美术基础和宽厚的美学鉴赏能力。

④ 对设计构思具有条理清晰的表达能力。

⑤ 具有全面的计算机和数字图像的操作技能。

此外，作为一名现代化数字图像设计师，还要追求丰富的知识、宽广的文化视角、深邃的智慧以及创新精神，力求输出的作品内含对社会有益的价值观，有时代特征，能反映真正的审美情趣和审美理想，能提高人们的审美能力，能使观者产生视觉和心理上的双重愉悦和满足。

图像设计技能的提高必须在不断的学习和实践中进行，好的设计并不只是图形图像的创作，而是融合了相应的智力劳动的结果。设计中最关键的除了技能还有创意，好的创意需要用时间去培养。保持开阔的视野，使信息有广阔的来源，能够在各行各业里触类旁通；涉猎不同的领域，担当不同的角色，可以让设计作品带有更多的信息。艺术之间本质上是共通的，文化与智慧的不断补给是设计界常青树的法宝。

1.4 与数字图像设计师相关的职业技能等级介绍

2019年2月13日，国务院印发的《国家职业教育改革实施方案》中明确提出，在职业院校、应用型本科高校启动"学历证书（1）+ 若干职业技能等级证书（X）"制度试点工作。此举旨在鼓励学生在获得学历证书的同时，取得多类职业技能等级证书。1+X证书制度中与数字图像设计师相关的职业技能（以《数字影像处理职业技能等级证书》为例）被划分为初级、中级和高级3个等级并依次递进，高级别涵盖低级别职业技能要求。

【初级】能够采集来自不同介质的数字影像，可对数字影像进行管理、备份和安全存储。能对数字影像进行初步校正和修饰，能分离和重组影像内容元素，能增强图像视觉效果，能输出符合不同介质规范要求的图像文档。可面向电商展示、网络媒体、企业宣传、影视动漫、平面设计、界面设计、游戏美术等图像处理领域。

【中级】能够熟练掌握影像处理的技术要领，清晰识别不同商业应用领域的标准要求，熟练应用美学及处理规范，精确把握对象形态，深度处理图像的光感、质感和色感，有效营造图像的影调风格，大幅提升图像的整体观感。可面向广告宣传、时尚媒介、人物写真、电商展示、网络媒体、企业宣传、影视动漫、平面设计、界面设计、游戏美术等图像处理领域。

【高级】能够清晰突出主体调性，精准合成虚拟场景，有效组织创作要素，熟练控制创作过程，全面提升画面的表现力和精致度，并具备处理大型商业项目的综合能力。可面向品牌宣传、数字合成、艺术创作、VR、广告宣传、时尚媒介、人物写真、电商展示、网络媒体、企业宣传、影视动漫、平面设计、界面设计、游戏美术等图像处理领域。

图1-4所示为数字影像处理职业技能等级证书（初级）。

课程介绍

图 1-4

1.5　课后练习

一、选择题（共5题），请扫描二维码进入即测即评。

1. 数字时代，图像处理工作主要使用（　　　）设备来完成。

A. 打印机 　　　　　　　　　　　　B. 计算机

C. 装订机 　　　　　　　　　　　　D. 光刻机

2. 下列不属于广告策划工作的是（　　　　）。

A. 确定广告主题与创意 　　　　　　B. 将广告电子版提交印厂

C. 确定广告预算 　　　　　　　　　D. 选择广告策略

3. 下列不属于设计制作阶段工作的是（　　　）。

A. 素材购买 　　　　　　　　　　　B. 素材处理

C. 文字处理 　　　　　　　　　　　D. 收集市场投放后效果数据

4. 下列不属于数字图像设计典型流程的是（　　　）。

A. 广告策划 　　　　　　　　　　　B. 设计制作

C. 物流运输 　　　　　　　　　　　D. 广告效果测试

5. 下列不属于数字影像处理职业技能等级证书应用领域的是（　　　　）。

A. 图像处理 　　　　　　　　　　　B. 平面设计

C. 场景合成 　　　　　　　　　　　D. 数据分析

1.5 课后练习

二、简答题

1. 简要描述数字图像设计项目的基本流程包含哪些环节。

2. 列举几个数字图像设计相关行业领域，并畅想未来数字图像设计会有怎样的发展。

Chapter 2

Photoshop 2022 的基本操作

　　Photoshop 是著名的图像设计与制作软件，是 Adobe 系列软件中最闪亮的"明星"。Photoshop 不仅能够实现纠正曝光、调整颜色、裁切图片等数字图像基本操作，还具备图像合成功能，可以设计制作出极富创意的图像。Photoshop 诞生于 20 世纪 90 年代，随着软件的不断优化和版本升级，陆续新增许多创造性的功能，在很大程度上提升了工作效率，成为广大设计人员和计算机美术爱好者首选的图像设计软件工具。截至目前，Photoshop 最新发布的版本是 2022 版。

	知识技能点	学习目标			
		了解	掌握	熟练	运用
学习要求	数字图像的基本概念与工作流程	⚑			
	Photoshop 基本操作		⚑		
	工具箱中重点工具的使用			⚑	
	图层及其相关技术（蒙版、混合模式、图层样式等）			⚑	
	对图像进行调色处理				⚑
	矢量绘图及文字操作			⚑	
	使用滤镜进行特效制作		⚑		

能力与素质
目标

2.1　数字图像的基本概念

在使用 Photoshop 2022 进行图像处理之前，必须首先了解数字图像的一些基本概念，以帮助学习者建立对数字图像的认识，了解图像的基本编辑手法以及专业术语等基础知识。只有掌握了这些基础知识，才能更好地发挥 Photoshop 所带来的优越功能，制作出高水准的作品。

2.1.1　位图与矢量图 ⊙

位图图像是由许多点组成的，其中的每一个点称为一个像素，每个像素都有一个明确的颜色。位图能够制作出色彩丰富的图像，可以逼真地表现自然界的景观，也很容易在不同软件之间交换文件。其缺点是缩放和旋转时会失真，对硬盘存储空间要求较高。位图与分辨率有关，如果在屏幕上以较大的倍数放大显示，或以低分辨率打印，很可能会出现锯齿状的边缘，而且会丢失细节。图 2-1 所示为位图原图取某一局部放大后的效果，可见清晰的像素块。

矢量图形是以数学描述的方式来记录图像内容的，主要根据几何特性来描述图形，如 Adobe Illustrator、Freehand、CorelDRAW 等绘图软件可用于矢量图形的创作。矢量图形是由直线及曲线等组合而成的，因此它的文件较小，很容易被放大、缩小或旋转等，而且不会失真。其缺点是无法精确地描述自然景观，且不容易在软件间交换文件。矢量图形与分辨率无关，无论将它放大还是缩小，都会保持很高的清晰度，也不会出现锯齿状的边缘。图 2-2 所示为矢量原图取框选局部放大后的效果。

图　2-1　　　　　　　　　　　　图　2-2

2.1.2　分辨率 ⊙

正确理解图像分辨率和图像之间的关系，对于了解 Photoshop 的工作原理非常重要。

所谓分辨率，是指在单位长度内所含有的点或像素的数量，其单位为"像素 / 英寸"（ppi）或者"像素 / 厘米"。图像分辨率越高，意味着每英寸所包含的像素越多，细节就越丰富，图像也越清晰。

图像的分辨率大小与图像的文件大小既有密切的关系又有所区别。图像的文件大小是图像文件在磁盘上所占用的存储空间大小，通常以千字节 (KB)、兆字节 (MB) 或吉字节 (GB) 为度量单位。文件大小与图像的像素多少成正比。图像分辨率越高，所包含的像素越多，图像的信息量就越大，因而文件也就越大。图像中包含的像素越多，在给定的打印尺寸上显示的细节也就越丰富，但需要的磁盘存储空间也会增多，而且编辑和打印的速度可能会更慢，因此编辑高分辨率的文件需要更高配置的计算机设备。

分辨率的设置主要依据数字图像的输出目的和展示形式。例如制作杂志封面或打印和印刷图像，一般设置为 300ppi；若图像面向于网络应用，制作网页或网页广告，则一般设置为 72ppi 即可；对于制作特大型作品，例如户外巨型广告牌喷绘作品，一般设置为 25 ～ 50ppi。图 2-3 和图 2-4 是 Photoshop 新建文件的参数设置界面，对于打印类文件，默认设置为 300 像素 / 英寸；对于 Web 和移动设备端应用类数字图像，默认设置为 72 像素 / 英寸。当然，也可以根据特殊需求更改分辨率为其他数值。

分辨率主要解决"精度"问题，对于打印作品来说，除了精度还要考虑输出后的幅面大小。幅面大小通常用毫米、厘米或英寸来设定，如图 2-3 所示，对于一幅需要打印出来的 A4 大小的作品来说，建立文档时的宽度为 210 毫米，高度为 297 毫米，分辨率为 300 像素 / 英寸。对于通过电子屏幕例如手机屏幕来展示的作品来说，只需要使用像素来设定幅面大小，如图 2-4 所示，设置在 iPhoneX 上展示的数字图像的宽度为 1125 像素，高度为 2436 像素，分辨率为 72 像素 / 英寸。

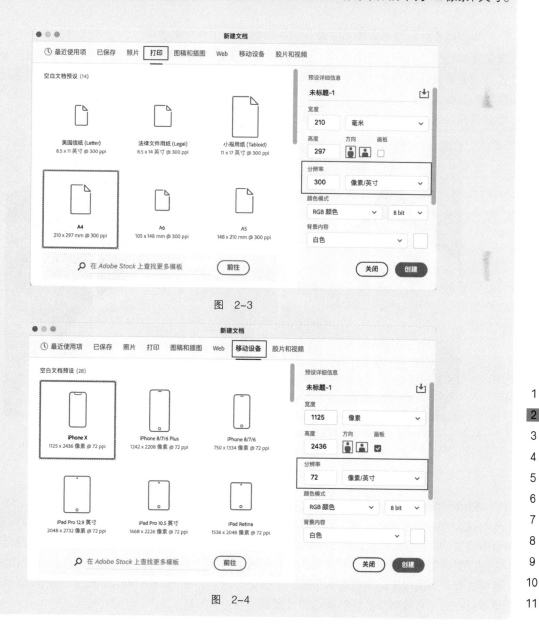

图　2-3

图　2-4

本节内容与职业技能等级标准（初级）要求对照关系见表2-1。

表　2-1

本书章节	对应职业技能等级标准（初级）要求		
	工作领域	工作任务	职业技能要求
2.1.2 分辨率	1. 图像管理	1.4. 图像创建	1.4.1 能了解图像分辨率及其应用范围
			1.4.2 能了解图像尺幅及其应用范围
			1.4.4 能根据应用领域创建适配的图像

2.1.3　颜色模式 ▽

　　颜色模式是数字世界中表示颜色的一种算法。在数字世界中，为了表示自然界的各种颜色，通常将其划分为若干分量来表示，如 RGB 模式便是将每种颜色用 R（红）、G（绿）、B（蓝）这 3 个分量数值来描述。根据成色原理的不同，显示器、投影仪和扫描仪这类靠色光直接混合成颜色的设备，与打印机、印刷机这类靠使用颜料显色的印刷设备在生成颜色方式上存在区别。如图 2-5 所示为几种颜色模式，每种颜色模式各有其算法的区别及使用上的优缺点。

| RGB模式 | CMYK模式 | 索引模式 | 灰度模式 | 位图模式 |
| （数百万种颜色） | （4种印刷色） | （256种颜色） | （256级灰度） | （两种颜色） |

图　2-5

　　Photoshop 中涉及的颜色模式以描述和重现色彩的模型为基础，常见的主要有 RGB（红、绿、蓝）、CMYK（青、洋红、黄、黑）以及 Lab 颜色模型。此外，Photoshop 也包括几种特别的颜色输出模式，如索引颜色模式和双色调模式。不同的颜色模式在 Photoshop 中定义的颜色范围不同，它可以影响图像的通道数目和文件大小。下面将主要介绍各种颜色模式的特点，以便让读者对颜色模式有一个面向于应用的基本了解。如图 2-6 所示，在 Photoshop 界面的"图像"→"模式"菜单命令下，可找到其支持的颜色模式列表。

图　2-6

1. 位图模式

位图模式只使用两种颜色值（黑、白）来表示图像中的像素，所以该模式下的图像也称为黑白图像，它的每一个像素都是用一位的位分辨率来记录的，所要求的磁盘空间最少，但在该模式下不能制作色调丰富的图像。需要注意的是，要将一幅彩色图像转换成位图模式，必须先将图像转换成灰度模式，才能再转换成位图模式。图 2-7 所示为前例彩色椰树图像（见图 2-2）转换后的位图模式图像。

2. 灰度模式

灰度模式图像的像素由 8 位的位分辨率来记录，每个像素均有一个 0（黑色）～ 255（白色）的亮度值，最多可表示 256 级的灰度。使用黑、白或灰度扫描仪产生的图像常以灰度模式显示。图 2-8 所示为彩色椰树图像（见图 2-2）转换后的灰度模式图像。

图　2-7　　　　　　　　　　　　　　　　　图　2-8

需要注意的是，将彩色图像转换为灰度图时，Photoshop 会放弃原图像中的所有颜色信息，转换后的像素灰阶仅表示原像素的亮度。

灰度模式也可以向 RGB 模式转换，转换后的像素的色值取决于其原来的灰色值。此外，灰度图像还可转换为 CMYK 图像。

3. 双色调模式

在原来黑色油墨的基础上，通过增加油墨，用一种特殊的灰色油墨或彩色油墨来打印一个灰度图像，这种增强的灰度图称为双色调图像（也称为双色套印或同色浓淡套印）。彩色图像要转换成双色调模式，必须先转换成灰度模式。如图 2-9 所示，将已转换为灰度模式的椰树图像，执

1
2
3
4
5
6
7
8
9
10
11

行"图像"→"模式"→"双色调"菜单命令，然后在出现的对话框中设置两种油墨颜色，便会出现图中的效果。同理，还可实现单色调、三色调和四色调图像。

图　2-9

4. 索引颜色模式

索引颜色模式是网页和动画中常用的图像模式，它采用一个颜色表来存放并索引图像中的颜色，最多有 256 种颜色。

当图像转换为索引颜色模式时，Photoshop 会构建一个颜色查找表（CLUT），用于存放图像中的颜色并为之建立索引。如果原图像中的某种颜色没有出现在查找表中，则程序会自行选取已有颜色中最相近的颜色，或使用已有颜色来模拟该颜色。通过限制调色板，索引颜色模式可以减小文件大小，同时保持视觉上的品质效果。索引颜色模式的图像是单通道图像，在这种模式下只能进行有限的编辑。

如图 2-10 所示，执行"图像"→"模式"→"索引颜色"菜单命令，可调出"索引颜色"面板，对图像进行相应调整。

图　2-10

5. RGB 颜色模式

RGB 颜色模式是 Photoshop 中最常用的颜色模式。Photoshop 的 RGB 颜色模式原理是为彩色图像中的每个像素的 R、G、B 分量分别分配一个 0（黑色）～ 255（白色）的亮度值。例如一种明亮的红色，其 R 值为 255，G 值为 0，B 值为 0。当 3 种分量的值相等时，结果是灰色；当所有分量的值都是 255 时，结果是纯白色；当所有值都是 0 时，结果是纯黑色。RGB 颜色模式只使用 3 种颜色分量，却能在屏幕上重现多达 1670 万种颜色。所以，新建 Photoshop 图像的默认模式为 RGB 颜色模式，计算机显示器也是使用 RGB 模型显示颜色。

图 2-11 所示为 Photoshop 的拾色器，改变 R、G、B 这 3 个变量的数值可以得到不同的颜色。

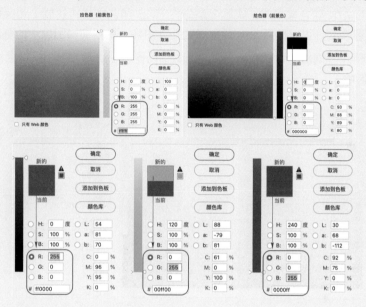

图　2-11

6. CMYK 颜色模式

CMYK 是印刷四色模式，即彩色印刷时常采用的一种套色模式。其利用色料的三原色混色原理，加上黑色油墨，共计 4 种颜色（青色、品红、黄色、黑色）混合叠加，形成所谓"全彩印刷"。在 Photoshop 的 CMYK 颜色模式中，每个像素的每种印刷油墨会被分配一个百分比值，最亮（高光）的颜色分配较低的印刷油墨颜色百分比值，较暗（暗调）的颜色分配较高的百分比值。例如，明亮的红色可能会包含 2% 青色、93% 洋红、90% 黄色和 0% 黑色。当 4 种分量的值都是 0% 时，就会产生纯白色（见图 2-12）。

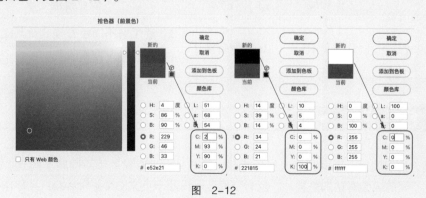

图　2-12

需要注意的是，一般只有在面向印刷的输出时才使用 CMYK 颜色模式。从视觉感受来说，CMYK 颜色要比 RGB 颜色偏暗。如果从 RGB 图像着手编辑，最好先编辑再转换成 CMYK 图像。在 RGB 颜色模式中，可以使用 CMYK 预览命令模拟更改后的效果，而不用更改图像数据。

7. Lab 颜色模式

Lab 颜色模式与设备无关，是 Photoshop 在不同颜色模式之间转换时使用的内部颜色模式，可以弥补 RGB 和 CMYK 两种颜色模式的不足。Lab 也是一种基于生理特征的颜色模型，其中 L 表示光亮度分量，范围为 0～100；a 表示从绿到红的光谱变化；b 表示从蓝到黄的光谱变化，两者的取值范围都是 −128～127。Lab 是目前色彩模式中包含色彩范围最广泛的模式。计算机将 RGB 颜色模式转换成 CMYK 颜色模式时，实际上是先将 RGB 颜色模式转换成 Lab 颜色模式，然后再转换成 CMYK 颜色模式。可以使用 Lab 颜色模式处理图像，单独编辑图像中的亮度和颜色值。

如图 2-13 所示，可调出 Photoshop 的颜色面板，设置为 Lab 滑块模式，用鼠标左右拖动滑块，观察其对颜色的影响。

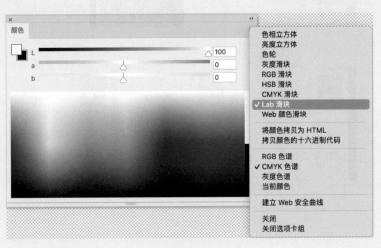

图　2-13

本节内容与职业技能等级标准（初级）要求对照关系见表 2-2。

表　2-2

本书章节	对应职业技能等级标准（初级）要求		
	工作领域	工作任务	职业技能要求
2.1.3 颜色模式	1. 图像管理	1.3 图像转换	1.3.3 能了解不同色彩模式及其应用范围
			1.3.4 能将图像转换为适配色彩模式

2.1.4　色彩空间 ▼

色彩是人的眼睛对于不同频率光线的感受，其既是客观存在的（不同频率的光）又是主观感知的，因此不同的人会有认知差异。"色彩空间"一词源于英文 Color Space，又称作"色域"。

人们建立了多种颜色模型，以三维空间坐标来表示某一色彩，这种坐标系统所能定义的色彩的范围即色彩空间。经常用到的色彩空间主要有 RGB、CMYK、Lab 等。

通常不同设备、软件之间存在着不同的色彩空间设置，这一点非常容易被忽略，导致在拍摄、后期、输出打印等设备之间传递同一文件时，会出现颜色上的偏差和改变。常见的情况就是在计算机上已经调整好的照片，通过微信等软件发送到手机上后，发现颜色发生了变化，这让人很头疼。所以，有必要在拍摄阶段就设置好色彩空间，比如照片最终用于显示器或手机展示，就可以在过程中将所有环节的色彩空间设置为 sRGB。

图 2-14 所示的是色彩空间比较图。Lab 色域最接近人眼，它的色彩空间大于并包含了 Adobe RGB、sRGB 和 CMYK 色域空间。Adobe RGB、sRGB 两种颜色模式用于显示器上的呈现，因此常用于网络图片发布时的色彩呈现。CMYK 与 Adobe RGB 的色彩空间比较，有交叠也有溢出，因此也同样说明在屏幕上看到的图像色彩并不一定能够通过油墨印刷出来，有些色彩能够表现一致，但有些色彩会发生偏色。

在 Photoshop 中，最常用到的色彩空间有 ProPhoto RGB、Adobe RGB 和 sRGB 这 3 种，它们也是数字图像处理中最常用的色彩空间。如果照片仅仅是用于互联网传播或者是家庭分享，sRGB 是不错的选择。这是因为一方面，互联网图像的默认色彩空间标准就是 sRGB；另一方面，sRGB 的色域范围空间小，除了少数专业显示器外，目前大部分显示器并不能完整表现 Adobe RGB 色彩空间中的全部颜色。

如图 2-15 所示，对于颜色模式还有色彩深度的概念。色彩深度简称色深，在计算机图形学领域表示在位图或者视频帧缓冲区中储存每一像素的颜色所用的位数，常用单位为位/像素（bpp）。色彩深度越高，可用的颜色就越多。

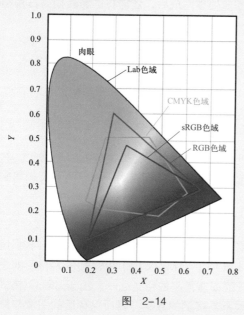

图　2-14

图　2-15

8 位色深（2 的 8 次方）意味着每个通道可以表现 256 个灰度层次，对于三通道的 RGB 颜色模式来说，共可以表现 1670 万种颜色。一般情况下，在制作以显示屏为介质的图像时，色深设置为 8 位就可以，如果用于高品质的印刷图像，建议设置为 16 位。

需要注意的是，如果设置更大的色深，图像占用的存储空间也会越大，需要支持更高色深的显示器或印刷设备进行展示。

本节内容与职业技能等级标准（初级）要求对照关系见表2-3。

表 2-3

本书章节	对应职业技能等级标准（初级）要求		
	工作领域	**工作任务**	**职业技能要求**
2.1.4 色彩空间	1. 图像管理	1.4 图像创建	1.4.3 能了解色彩空间及其应用范围

2.1.5 常用文件的存储格式 ▼

Photoshop 2022 能够支持 20 多种格式的图像文件，可以对不同格式的图像进行编辑并保存，也可以根据需要将其另存为其他格式的图像。Photoshop 不但可以导入多种格式的图像文件，而且还能够导出多种图像格式。因此，可以根据工作环境的不同选用相应的图像文件格式，以便获得最理想的效果。下面主要介绍一些有关图像文件格式的知识和常用图像格式的特点，以及在Photoshop 中进行图像格式转换时应注意的问题。

常用文件的
存储格式

1. PSD 格式

PSD 格式（*.psd）是 Adobe Photoshop 自带的格式，可以存储 Photoshop 中所有的图层、通道、参考线、注释和颜色模式等信息。在保存图像时，若图像中包含图层，则一般都用该格式。由于 PSD 格式的文件保留了所有的原图像数据信息，因而修改起来较为方便，这就是它的最大优点。所以在编辑过程中，最好还是使用 PSD 格式存储文件。由于大多数排版软件不支持 PSD 格式的文件，所以在图像处理完成后，还需将图像转换为占用空间小且存储质量好的文件格式。

2. PSB 格式

PSB（Photoshop Big, Photoshop 大文件存储）格式（*.psb）最高可保存宽度和高度不超过 300000 像素的图像文件，用于文件大小超过 2GB 的文件，但只能在新版 Photoshop 中打开，其他软件以及旧版 Photoshop 不支持。

3. DNG 格式

DNG 格式（*.dng）是一种用于数码相机生成的原始数据文件的公共存档格式。其解决了不同型号相机的原始数据文件之间缺乏开放式标准的问题，从而有助于确保摄影师们将来能够访问他们的文件。

4. JPEG 格式

JPEG（Joint Picture Expert Group, 联合图像专家组）格式（*.jpg）是一种有损压缩格式。该格式的图像通常用于图像预览和一些超文本文档（HTML 文档）中，其最大特色就是可以进行高倍率的压缩，文件比较小，是目前格式中压缩率非常高的格式之一。由于 JPEG 格式在压缩保存的过程中会以失真最小的方式丢掉一些肉眼不易察觉的数据，因而保存后的图像与原图有所差别，没有原图像的质量好，因此印刷品最好不要用此图像格式。

5. PNG 格式

PNG 格式（*.png）一般用于网络图像。不同于 GIF 格式，它可以保存 24 位的真彩色图像，能够支持透明背景并具有消除锯齿边缘的功能，还可以在不失真的情况下压缩保存图像。由于并不是所有的浏览器都支持 PNG 格式，所以其在网页中的使用要远比 GIF 格式和 JPEG 格式少得多。

6. GIF 格式

GIF 格式（*.gif）是 CompuServe 提供的一种图像格式，最多只能保存 256 色的 RGB 色阶阶数。它使用 LZW 压缩方式压缩文件，并且不会占用太多的磁盘空间，因此，GIF 格式广泛应用于网页文档或网络中的图片传输。

在保存 GIF 格式之前，必须将图像转换为位图、灰度或索引颜色等颜色模式。GIF 格式采用两种保存格式：一种为 CompuServe GIF，这是一种可以支持交错的保存格式，可让图像在网络上以从模糊逐渐到清晰的方式显示；另一种为 GIF 89a Export，除了支持交错特性外，还可以支持透明背景及动画格式。此外，GIF 格式只支持一个 Alpha 通道的图像信息。

7. PDF 格式

PDF 格式（*.pdf）是 Adobe 公司开发的跨平台的一种电子出版软件的文档格式。该格式基于 PostScript Level 2 语言，因此可以覆盖矢量图形和位图图像，并且支持超链接。该格式可以存储多页信息，并具有图形和文件的查找、导航功能。由于该格式支持超文本链接，因此是网络下载经常使用的文件格式。

8. EPS 格式

EPS 格式（*.eps）为压缩的 PostScript 格式，是为在 PostScript 打印机上输出图像开发的格式。其最大的优点在于，可以在排版软件中以低分辨率预览，而在打印时以高分辨率输出。它不支持 Alpha 通道，但可以支持裁切路径。

EPS 格式支持 Photoshop 中的所有颜色模式，可以用来存储位图图像和矢量图形。在存储位图图像时，还可以将图像的白色像素设置为透明的效果，它在位图模式下也支持透明设置。

9. TIFF 格式

TIFF（Tagged Image File Format，标记图像文件格式）格式（*.tif）是一种无损压缩格式，便于在应用程序之间和计算机平台之间进行图像数据交换。因此，该格式是应用非常广泛的一种图像格式，可以在许多图像软件和平台之间转换。

TIFF 格式支持 RGB、CMYK、Lab、索引颜色、位图和灰度颜色模式，并且在 RGB、CMYK 和灰度 3 种颜色模式中还支持通道、图层和路径。

10. TGA 格式

TGA 格式（*.tga）专门用于使用 rueVision 视频卡的系统，并且通常受 MS-DOS 颜色应用程序的支持。该格式支持 24 位的 RGB 图像和 32 位的 RGB 图像，也支持无 Alpha 通道的索引颜色图像和灰度图像。以这种格式存储 RGB 图像时，可选取像素深度。

如图 2-16 所示，在 Photoshop 中，可以通过"文件"→"存储"或"文件"→"存储为"菜单命令，将图像存储为所需要的格式，或将不同格式的图像进行打开与转换。

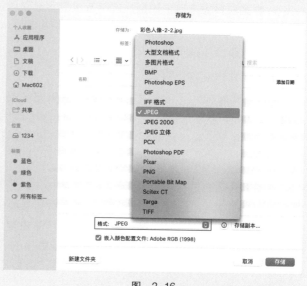

图 2-16

本节内容与职业技能等级标准（初级）要求对照关系见表2-4。

表 2-4

本书章节	对应职业技能等级标准（初级）要求		
	工作领域	工作任务	职业技能要求
2.1.5 常用文件的存储格式	1. 图像管理	1.1 素材采集	1.1.1 能采集不同来源的拍摄素材
			1.1.2 能了解和采集不同色彩深度的图像
			1.1.3 能对素材进行安全存储
			1.1.4 能对素材进行安全备份
		1.3 图像转换	1.3.1 能了解不同图像格式及其应用范围
			1.3.2 能根据应用范围将图像转换为适配格式

2.2　图像处理的基本工作流程

在数字时代的设计领域，在计算机对图像中进行设计与处理已成为一项专业基础技能。在实际操作过程中，应当遵循一个基本的工作流程，如图2-17所示。

采集 ⟶ 管理 ⟶ 处理 ⟶ 输出 ⟶ 展示

图 2-17

1. 采集

图像处理不是绘画，是将素材进行有机调节和整合的过程，在这个过程中，获取恰当的素材是第一步工作。采集素材一般有以下几个方式：

① 根据项目要求自主拍摄，这种方式最容易获得适配的素材，根据硬件设备和成像介质的不同，一般使用插卡复制、接线复制、扫描仪扫描等。

② 直接联系并购买他人摄影作品。

③ 在图片供应商处购买。

无论采用哪种方式和渠道获取，如图像需要商用，务必先取得人物、部分非自然景观的商用版权。如图2-18所示是为月光宝盒项目而组织的拍摄现场，摄影师和相关工作人员会提前按照设计草图去布景，做拍摄的方案准备，并洽谈和获取图片中的模特肖像权。

2. 管理

在图像处理的过程中，需要使用大量素材，这些素材需要被合理分类、标注，放置在文件夹中，即素材的管理。在日常工作中，一般素材根据项目来放置，建议使用"作品\年份\项目\素材"的文件夹结构。在这个结构中，素材易产生重复，但查找和修改较为方便。同一项目中，容易产生相似素材，不建议使用一些系统优化软件中的"删除重复文件"功能，以免造成素材丢失。如图2-19所示为月光宝盒项目拍摄后的素材，摄影师组织管理这些素材图片并从中进行筛选。

在素材的管理中，需要特别强调以下两点：

①　不论是拍摄还是从其他渠道获取的素材，均为工作中的重要资产，建议进行常态化备份，以免丢失。

②　拍摄的素材建议保留原始文件（直接拍摄的未做任何修改的文件）。提供原始文件是作者声明该作品版权的主要方式，因此对原始文件需要特别保护。

图　2-18

图　2-19

1
2
3
4
5
6
7
8
9
10
11

3. 处理

图像的处理是本书重点介绍的部分。图像处理是一个工作集合，一般来说，包括以下几个部分。

修瑕：即将图像中存在的瑕疵（或者称为干扰物）去除，通过该操作可以强化图像表现重点和增加图像美观性，如图 2-20 所示。根据处理的技术不同，一般可分为融合修瑕、非融合修瑕、蒙版修瑕、计算修瑕和透视修瑕几种方式。

图 2-20

抠像：即将素材中需要的元素，通过 Photoshop 中提供的抠图工具抠取出来，如图 2-21 所示。根据素材对象的不同特征和取用目的，一般可分为素材元素内部处理和素材元素边缘处理；根据素材元素与背景的关系不同，一般可分为有差异抠像和无差异抠像。

图 2-21

变形：即将从各个素材中抠取出的元素通过放大、缩小、变形等手段，放置到项目中的合理位置，使画面具有美观性和合理性，如图 2-22 所示。根据处理技术的不同，一般可分为变换命令变形和特效变形。

融合：即将不同的画面和抠取的元素，进行边缘的融合处理，使画面整体统一和谐，如图 2-23 所示。根据处理技术的不同，一般分为蒙版融合和抠像融合，其中抠像融合是指在元素抠像的过程中，使用相关功能对边缘进行融合处理。

图 2-22

图 2-23

调色：即调整图像的色彩表现，使画面具备美观性和风格倾向，如图 2-24 所示。调整色彩表现，根据处理阶段的不同，一般可分为校色和调色两个阶段；根据处理手段的不同，一般可分为调色命令调色、混合模式调色和色彩模式调色。

应用：即将处理完成的图像，根据不同的项目要求添加信息或设置格式，如广告文字、在视频中应用等，如图 2-25 所示。

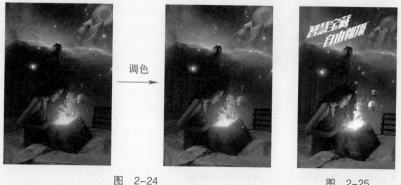

图 2-24

图 2-25

4. 输出

根据不同使用场景中介质的需要，将处理好的图像输出为相应的文件。使用场景一般包括印刷媒介文件、网络媒介文件、软件间中转文件和备份文件等；输出时常用的色彩模式包括 CMYK、RGB 以及索引等。

5. 展示

展示是指综合考虑使用场景、展现介质、展现方式、观看方式、观看体验的呈现过程。常见的展示方式包括计算机展示、手机展示、单幅印刷品展示、画册展示和展览展示等。成功的展示是通过设计一种交互体验方式，将创作者、展示对象、欣赏者进行有机统一，如图 2-26 所示。

图 2-26

下面以 Photoshop 2022 为例，重点介绍图像的存储与输出操作流程。

首先，在 Photoshop 里处理过的数字图像作品需要存储一份 PSD 格式的源文件，保留图层关系和添加过的效果，方便后期进行再编辑。有时需要将某个图层单独导出为带透明背景的素材文件，可选中图层，单击鼠标右键，在弹出的快捷菜单中选择"快速导出为 PNG"命令，如图 2-27 所示。针对这种导出方式，在 "文件"→"导出"→"导出首选项"菜单命令中可以进行更多的导出设置，如图 2-28 所示。

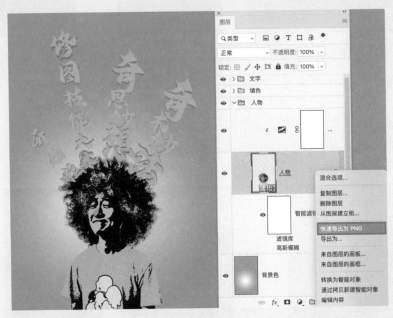

图　2-27

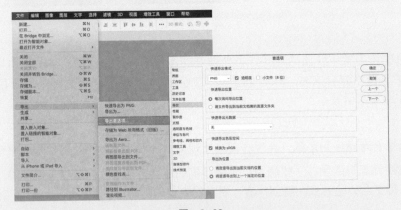

图　2-28

当数字图像面向普通的网络展示时，追求体积小、更清晰，可以通过"文件"→"导出"→"存储为 Web 所用格式"菜单命令，确保勾选"转换为 sRGB"复选框（大多数显示设备所用颜色模式，未勾选容易出现偏色），存储为 GIF、PNG、JPEG 或其他格式，将文件大小和清晰度平衡在需求之内，如图 2-29 所示。

一般情况下，可以根据以下应用场景进行设置：

① 存储包含透明的网络图像，会存储为 PNG 格式或 GIF 格式。

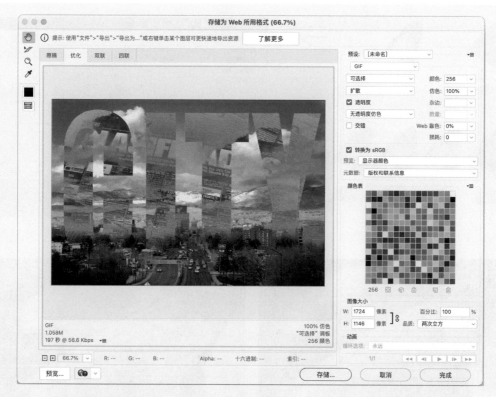

图　2-29

② 存储包含动画的网络图像，会存储为 GIF 格式。

③ 存储没有透明和动画信息的、色彩丰富的网络图像，会存储为 JPEGF 格式，这也是存储普通图像最常用的网络格式。

在设置存储格式后，在预览框的左下角，可以看到文件的格式和压缩后的文件大小。

如果数字图像作品用于高品质打印输出，需要存储一份 TIFF 格式文件（无损位图），该格式在几乎所有的系统中都可以被成功打开，而且是无损的。在打印之前还需要确保色彩空间为 CMYK，并进行一定的色彩管理。

在各类颜色模式和显示系统中，其实没有哪种设备或者颜色模式能够重现人眼可以看见的整个范围的颜色。每种设备都使用特定的色彩空间，在不同设备之间传递文件时，颜色在外观上会发生改变，而这种颜色的改变来自不同的图像源、应用程序定义颜色的方式不同、印刷介质的不同，以及其他系统间差异。如图 2-30 所示，各种颜色模式和设备的色域呈现，A 表示 Lab 色域空间，B 为 RGB 和 CMYK 色域空间，C 则是各种设备能显示的色域空间。

因此在打印前，在将 RGB 色域转换为 CMYK 色域时，需要进行一些设置和调整，来确保图像能被正确地打印出来。

如图 2-31 所示，在 "视图" 下拉菜单中，可以找到 "校样设置" "校样颜色" 和 "色域警告" 命令，这些命令主要用于输出打印稿件之前，对画面中的颜色转换结果进行监测。首先将 "校样设置" 设置为 "工作中的 CMYK"。如图 2-32 所示，通过色域警告，可以查看在当前颜色模式下若直接转换 CMYK 模式并打印输出，画面中灰色提示区域内的颜色是无法准确还原的。通过 "校样颜色"，系统会将图像转换为在 "校样设置" 中设置的颜色效果进行预览（只是预览效果）。图 2-33 所示为海报执行 "校样颜色" 前后的对比效果。

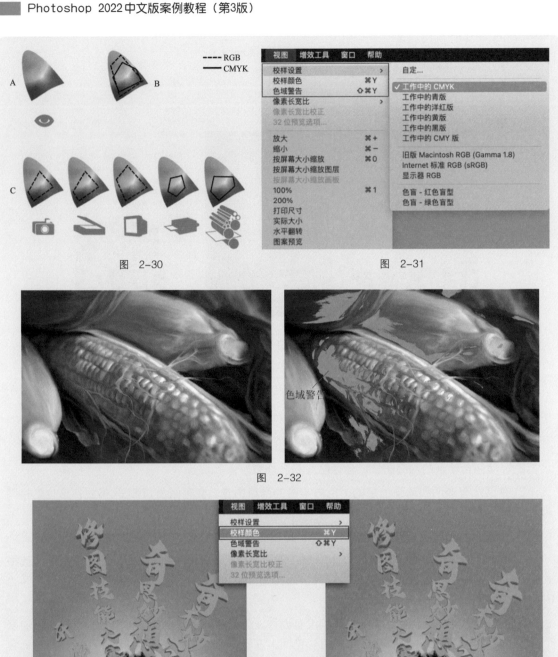

图　2-30

图　2-31

图　2-32

图　2-33

本节内容与职业技能等级标准（初级）要求对照关系见表 2-5。

表 2-5

本书章节	对应职业技能等级标准（初级）要求		
	工作领域	工作任务	职业技能要求
2.2 图像处理的基本工作流程	4. 图像输出	4.2 输出管理	4.2.1 能根据不同的介质设置图像分辨率和格式
			4.2.2 能根据数字媒体需求执行合适的输出方案
			4.2.3 能辨别不同物理介质并执行合适的输出方案
			4.2.4 能在打印前熟练对图像进行安全色校准
		4.3 图像存储	4.3.1 能将图像输出为高品质无损图像
			4.3.2 能将图像输出为高压缩 Web 图像
			4.3.3 能将图层输出为独立文件
			4.3.4 能通过色彩管理将图像准确输出到不同平台

2.3　图像文件管理

　　Adobe Bridge（以下简称 Bridge）是 Adobe 公司开发的一款文件浏览器，主要服务于设计师、摄影师等 Adobe 软件使用人群，不仅可以用来浏览、管理磁盘中的 RAW 格式照片、视频以及 PSD、INDD、AI 等多种格式的文件，而且与 Adobe 多款软件直接关联，方便使用时直接跳转。

　　Bridge 主要用于浏览、搜索、过滤、移动、批处理照片，查看照片的拍摄参数信息，为照片添加版权信息和关键字等。通常，Bridge 会在安装 Photoshop 时被同时安装，是其辅助与补充。图 2-34 所示 为 Bridge 10 的工作界面。

图 2-34

2.3.1 图片存储结构

通常拍摄完一个主题，首要的操作就是把相机存储卡里的照片复制到计算机不同的文件夹中进行保存。下面来学习如何认识图片，以及如何对图片进行更好的管理。

在数字图像时代，每一次的拍摄工作往往都会产生成百上千张照片，职业摄影师的产出量更是不计其数。如何合理命名文件夹以便于查找？推荐以日期8位数字的方式命名：年（4位）-月（2位）-日（2位）。

例如，管理 2022 年 1 月 29 日拍摄的照片，就可以把文件夹命名为 "2022-01-29"，这样在按文件名排序的时候，就可以保证 1 月的照片文件夹不会排在 12 月的照片文件夹后面。

2.3.2 浏览图片

用 Bridge 浏览照片的好处之一是可以方便地实现全屏浏览。如图 2-35 所示，在内容模块中选中一张缩略图，按空格键，图片就会全屏显示。若要查看下一张图片，只须按向右方向键即可，同理，回看前一张图片，按向左方向键即可。

图像文件浏览

图 2-35

在全屏浏览时，若遇到喜欢的照片想放大看一下其中的细节，只需要单击照片的任意位置（或者按键盘上的加号键），照片就会放大到 100%；再次单击（或者按键盘上的减号键），照片恢复全屏显示。

如果在内容模块看到多张照片的缩略图很相似，想比较一下从中进行筛选，可以把这几张照片都选中，然后按快捷键 Ctrl+B（Mac：Command+B）进入遴选模式。若在遴选模式下想放大照片看局部细节，可把鼠标移动到照片上并单击，鼠标所在位置将被放大至 100%，显示如图 2-36 和图 2-37 所示。

在 Bridge 中筛选出的图片可以直接跳转到 Photoshop 中打开，在 Photoshop 的 "文件" 菜单下也可以找到多种导入文件的方式及跳转到 "在 Bridge 中浏览" 命令，如图 2-38 所示。

图　2-36

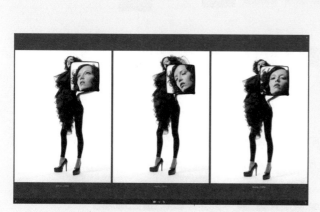

图　2-37

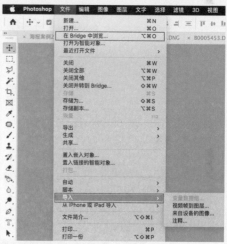

图　2-38

本节内容与职业技能等级标准（初级）要求对照关系见表 2-6。

表　2-6

本书章节	对应职业技能等级标准（初级）要求		
	工作领域	工作任务	职业技能要求
2.3 图像文件管理	1. 图像管理	1.2 文件管理	1.2.1 能对图像文件进行有效的分类
			1.2.2 能对图像文件标准化命名
			1.2.3 能导入多种格式的图像文件
			1.2.4 能对图像进行多种方式的预览
			1.2.5 能查看图像的基础信息

1
2
3
4
5
6
7
8
9
10
11

2.4　Photoshop 2022的操作界面

　　Photoshop 的操作界面就是 Photoshop 为用户提供的工作环境，也是为用户提供工具、信息和命令等的区域。熟悉操作界面，有助于快速掌握基本技能，提高工作效率。同时，用户也可以根据自己的习惯和需要重新调整工具箱、属性栏、面板等的位置。

　　启动 Photoshop 2022 后，可进入主界面，如图 2-39 所示，包含以下内容：

　　① 新功能的信息。

　　② 有助于快速学习和理解概念、工作流程、技巧和窍门的教程。

　　③ 显示和访问最近打开的文档。

图　2-39

　　双击桌面上的 Photoshop 2022 程序图标，会弹出程序启动运行界面，运行完成以后，进入Photoshop 2022 的工作界面，如图 2-40 所示。界面中主要包含菜单栏、工具箱、工具属性栏、选项卡式文档窗口、面板组、状态栏等。

认识Photoshop
操作界面

图　2-40

1. 菜单栏

菜单栏包含了 Photoshop 中的各种命令，有些命令的后面标注着该命令对应的快捷方式。Photoshop 2022 中有 3 种菜单类型：主菜单、快捷菜单和面板菜单。

主菜单：主菜单栏在界面顶部，包含"文件""编辑""图像""图层""文字""选择""滤镜""3D""视图"等菜单，单击每一个菜单项会发现它们都有下拉菜单，可以访问各种命令、进行各种调整和访问各种面板。如图 2-41 所示，在打开的下拉菜单中，有些命令呈浅灰色，表示未被激活，当前不能使用；有些命令后面有按键组合（快捷键），表示按下该快捷键便可执行相应的命令；有些命令后面有右箭头，表示其下面还有一级子菜单。

图 2-41

快捷菜单：可以方便用户快速执行相应的命令。单击鼠标右键，即可打开相应的快捷菜单。对于不同的图像编辑状态，系统所打开的快捷菜单是不同的。如图 2-42 所示，鼠标在选区中（右图）和不在选区中（左图），系统弹出的快捷菜单依据当前的图像编辑状态而变化。

面板菜单：大部分面板都有面板菜单，其中包含特定于面板的命令选项。单击面板右上角的按钮 ≡，即可弹出相应的面板菜单，如图 2-43 所示。

2. 选项卡式文档窗口

文档窗口用于显示正在使用的文件，也就是常说的视图或画布。在 Photoshop 中可以打开多个文档窗口，它们以选项卡的形式对文档窗口进行排列，方便随时切换。

3. 工具箱

Photoshop 内置有功能强大的工具箱，并在界面左侧提供了一个默认的工具栏。工具栏内多种常用功能以按钮的形式聚集在一起，从按钮图标的形态就可以了解该工具的功能。如果对工具不熟悉，可将鼠标移至工具按钮上并停留一会儿，此时会出现动态的工具提示，这是 Photoshop 为初学者提供的富媒体工具提示，包含工具简介和简短视频。图 2-44 是移动工具的工具提示，可单击"了解详情"进一步查看使用方法。如果工具按钮右下角有一个很小的三角形标志，表示这是一个工具组。只要在此三角形按钮上右击或按住左键不放，即可显示该工具组中的所有工具，如图 2-45 所示。

1
2
3
4
5
6
7
8
9
10
11

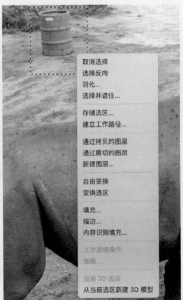

图 2-42

图 2-43

图 2-44

图 2-45

　　图 2-46 所示为 Photoshop 2022 默认工具栏内常用的工具集合，可依目标功能将其分为选择工具库、修饰工具库、绘图和文字工具库、绘画工具库、裁剪和切片工具库、导航、注释和测量工具库。在工具栏下方找到"自定义工具栏"图标 ⋯，可以按照个人使用习惯，自定义工具栏的布局，如图 2-47 所示。不仅如此，在 Photoshop 2022 中，还可以按照行业倾向和使用习惯自定义整个工作区，如图 2-48 所示，选择"窗口"→"工作区"菜单命令，可以选用系统提供的面向摄影、绘画等需求布局的工作区，也可以新建并自定义工作区。

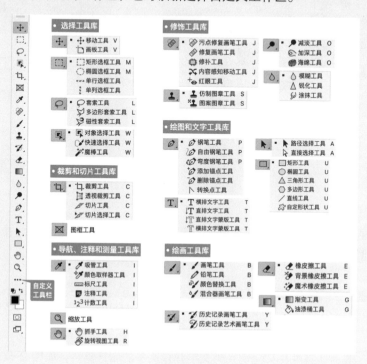

图　2-46

图　2-47

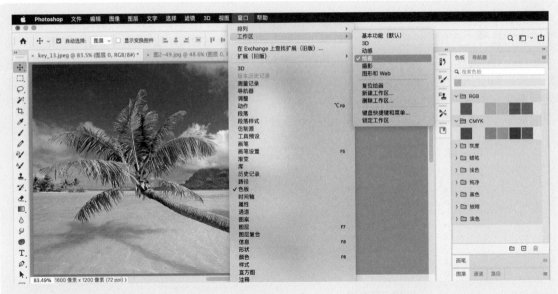

图 2-48

4. 工具属性栏

当选择不同的工具时，属性栏中即可显示相应的属性选项，从而方便用户对其进行设置。例如，当选择渐变工具时，属性栏会变成渐变属性的集合，如图 2-49 所示。

图 2-49

当选择文字工具时，属性栏又会切换为文字样式服务的属性集合，如图 2-50 所示。

图 2-50

5. 状态栏

状态栏用于显示当前图像或使用工具的信息，如大小、使用方法等。状态栏的最左边是画面比例显示栏，在此处输入数值后按 Enter 键，即可用不同的比例来预览当前图像文件。单击状态栏右边的三角形按钮，将弹出文件显示的 12 种选择信息，如图 2-51 所示。

图 2-51

6. 面板组

面板组包含多种可以折叠、移动和任意组合的功能面板，方便用户操作。默认情况下，系统会显示某些面板，同时折叠某些面板。大部分面板都有面板菜单，其中包含特定于面板的命令选项。如图 2-52 所示，选择"窗口"菜单命令，可发现 Photoshop 内有多种面板，可以对面

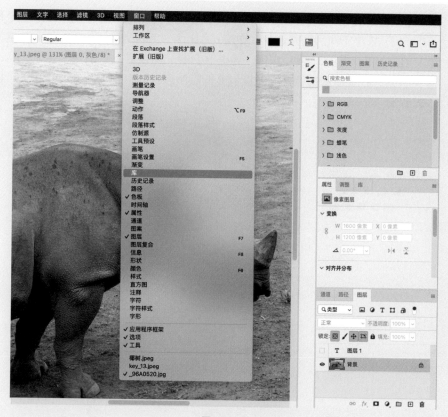

图　2-52

板进行编组、折叠、堆叠或停放，甚至自定义整个工作区。常用的面板有"颜色"面板、"色板"面板、"样式"面板、"导航器"面板、"信息"面板、"图层"面板、"通道"面板、"路径"面板、"历史记录"面板、"动作"面板、"渐变"面板以及"属性"面板等。

图　2-53

如图2-53所示，属性依据所选对象而变，所以"属性"面板是依据当前的操作随时变化的面板。"颜色"面板用于选取或设置颜色，以便进行绘图和填充等操作，如图2-54所示，可以在面板菜单中更改所需颜色模型。

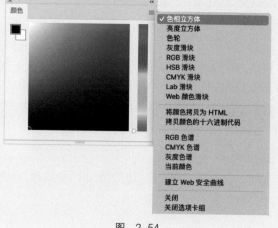

图　2-54

1
2
3
4
5
6
7
8
9
10
11

如图2-55所示，"调整"面板中集合了对图片色调进行调整的所有常用命令和工具，其功能非常强大，包含了16个不同的调整命令：亮度/对比度、色阶、曲线、曝光度、自然饱和度、色相/饱和度、色彩平衡、黑白、照片滤镜、通道混合器、颜色查找、反相、色调分离、阈值、可选颜色、渐变映射，并且添加的调整效果以调整图层的形式独立于原图像而存在，可以对图像反复调整而不影响图像本身。

图 2-55

2.5 重点工具的认识与使用

从实际应用的角度出发，可以将Photoshop工具箱中的重点工具大致分为基础类工具、选择类工具、绘图类工具、修饰类工具、修复类工具和填充类工具。本节通过具体实例操作，讲解不同种类工具的使用方法及技巧。

2.5.1 基础类工具 ⊙

1. 移动工具

移动工具 ✛ 位于工具栏的第一行，顾名思义，其是用来移动画面中的元素，以更改其位置。下面以楼景图为例，通过添加装饰树来演示其功能。

在 Photoshop 2022 中，选择"文件"→"打开"菜单命令，打开"智慧职教"平台本课程中的"Chapter2\楼景.jpg"素材文件。

步骤 01 创建文本新图层

如图2-56所示，创建新图层"图层1"放置添加的树，选中新图层"图层1"，选择"滤镜"→"渲染"→"树"菜单命令。

图 2-56

生成装饰树

从弹出的如图 2-57 所示的"树"面板中选择树的类型，并调整参数，创造一株适合场景的树。单击"确定"按钮，树出现在画面中。

图 2-57

调整树的位置

如图 2-58 所示，默认创建的树位于画面正中，在工具栏中选择移动工具 ，按住鼠标左键拖曳，移动调整树的位置。

37

图　2-58

2. 裁剪工具

裁剪是移去部分图片以打造焦点或加强构图效果的过程。如果说拍摄时的构图是第一次构图，那么利用软件对图像进行裁剪就是二次构图。对于同一张图像，每个人的视觉平衡感和美感不同，自然会有多种不同的裁剪方法。常见的裁剪比例有 1:1、2:3、3:4、4:5、5:7 和 9:16 等。下面通过如图 2-59 所示案例来演示按正方形比例裁剪的具体操作方法。

在 Photoshop 2022 中，选择"文件"→"打开"菜单命令，打开"智慧职教"平台本课程中的"Chapter2\ 背影 .jpg"素材文件。

图　2-59

步骤01 修改裁剪比例

如图2-60所示,在工具栏中选择裁剪工具 🔲,修改属性栏中的"比例"为1:1(方形)。

图 2-60

步骤02 进行裁剪操作

如图2-61所示,按住鼠标左键拖曳裁剪框,调整到满意的构图,单击属性栏右侧"√"按钮,完成当前裁剪操作。最终效果如图2-62所示。

图 2-61　　　　　　　　　　　　　　　　　　　图 2-62

本节内容与职业技能等级标准（初级）要求对照关系见表 2-7。

表 2-7

本书章节	对应职业技能等级标准（初级）要求		
	工作领域	工作任务	职业技能要求
2.5.1 基础类工具	3. 图像增效	3.1 主体突出	3.1.1 能熟练通过二次构图手段突出主体

3. 标尺、网格与参考线

标尺可辅助精确定位图像或元素，通过"视图"→"标尺"菜单命令可以控制标尺的显示和隐藏。如果显示标尺，标尺会出现在当前窗口的顶部和左侧，如图 2-63 所示。当移动鼠标时，标尺内的标记会显示鼠标指针的精确位置，所以当需要制作界面或版式相关的操作时，标尺是必不可少的工具。

图 2-63

另外，用来精确定位图像或元素的辅助工具还有网格和参考线。如图 2-64 所示，通过"视图"→"显示"→"网格"和"参考线"菜单命令可以调出这两个工具，它们对于排列图像元素相当有用。

40

图 2-64

● 技巧 提示

　　在Photoshop 中需要区分的图像大小和画布大小这两个概念。在Photoshop内直接打开图像，选择"图像"→"图像大小"和"画布大小"菜单命令，分别调出两者的面板，如图2-65所示，可以发现此时图像大小和画布大小是一致的，长宽均为1078像素，表示该图像在画布中恰好为满画布呈现。

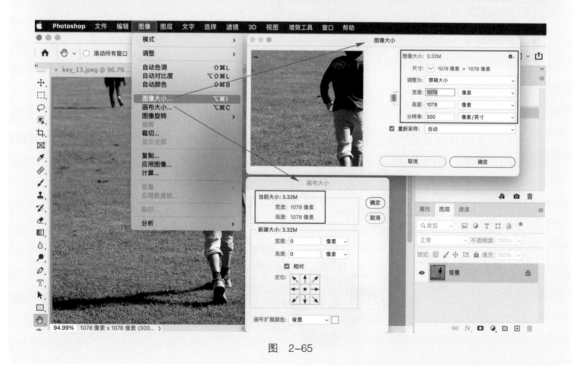

图 2-65

1
2
3
4
5
6
7
8
9
10
11

2.5.2　选择类工具 ▼

多数情况下，需要对图像的局部而非整体进行处理，比如将人物从背景中选取出来，更换一个背景；或者将草丛中的花选取出来，调整它的颜色等。所以，如何选择所需的图像区域，是Photoshop学习起始阶段就需要观察、思考和解决的重点问题。

1. 规则选区

部分情况下，需要选中的对象具有规则的简单形状，比如相框是方形、硬币是圆形。在工具栏中找到如图2-66（a）所示的选框工具，可以用这四种规则选区工具把如图2-66（b）所示棋盘里的对象选取出来。

矩形选框工具：建立一个矩形选区（配合使用 Shift 键可建立方形选区）。

椭圆选框工具：建立一个椭圆形选区（配合使用 Shift 键可建立圆形选区）。

单行或单列选框工具：将边框定义为宽度为 1 像素的行或列。

当进行多次框选时，属性栏中的选区选项的常用功能如图 2-67 所示。

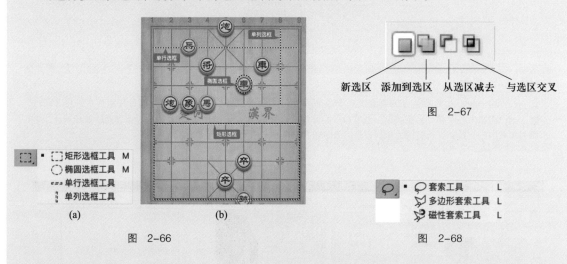

图 2-66

图 2-67

2. 不规则选区

自然界的多数对象有着清晰的轮廓，但却不是方形或圆形这种规则形状。这种情况下就需要使用到套索工具组，如图 2-68 所示。

套索工具：套索工具对于绘制选区边框的手绘线段十分有用，如图 2-69 所示。

图 2-69

多边形套索工具：对于绘制选区边框的直边线段十分有用，如图 2-70 所示。

磁性套索工具：特别适用于快速选择与背景对比强烈且边缘复杂的对象，如图 2-71 所示。

图 2-70

图 2-71

使用套索工具框选出来的选区边缘效果如同一把"剪刀"剪出的硬边缘，可以柔化选区边缘，也可以通过消除锯齿和羽化来平滑硬边缘。

消除锯齿：通过软化边缘像素与背景像素之间的颜色过渡效果，使选区的锯齿状边缘平滑。由于只有边缘像素发生变化，因此不会丢失细节。消除锯齿在剪切、复制和粘贴选区以创建复合图像时非常有用。

羽化：通过建立选区和选区周围像素之间的转换边界来模糊边缘。该模糊边缘将丢失选区边缘的一些细节。

图 2-72 所示是 3 种选区边缘效果的对比。

无处理边缘　　　　消除锯齿边缘　　　　羽化边缘

图 2-72

【案例——窗外易景】

素材："智慧职教"平台本课程中的"Chapter2\窗户.jpg"和"景致.jpg"素材文件。

目标：练习选择工具，将图 2-73（a）中窗户外的风景变为图 2-73(b) 的景致。

(a)　　　　　　　　　　(b)

案例——
窗外易景

图 2-73

案例步骤

具体操作步骤请扫描二维码查看。

3. 快速选择工具

快速选择工具的使用方法是在要选择的图像部分内部绘制，选区将随着绘画笔触所到达区域的扩大而增大。该工具是棒工具的快捷版本，不用任何快捷键即可进行加选，可以像绘画一样选择区域。当然，属性栏也有新、加、减 3 种模式可选，快速选择颜色差异大的图像非常直观、快捷。使用快速选择工具时，可用画笔的大小调节选区的范围。例如，要快速选择出如图 2-74 所示的热气球，可以在左侧工具栏中选择快速选择工具，属性栏中设定为加法模式，调整合适的笔触大小，在画面中连续加选。

图　2-74

4. "选择并遮住"工作区

"选择并遮住"工作区替代了 Photoshop 早期版本中的"调整边缘"对话框，凭借精简的方式提供相同的功能。这个工作区入口出现在每个选区工具的属性栏中（见图 2-75），可以辅助调整选区的半径、对比度、羽化等参数，还可以对选区进行收缩和扩充。另外，还有多种显示模式可选，如快速蒙版模式和蒙版模式等，非常方便。图 2-76 所示是"选择并遮住"工作区截图，工作区左侧是选区相关工具栏，右侧是"属性"面板，载入之前的鹦鹉图片，可以在"属性"面板中调整羽化和移动边缘、净化颜色，精细调整选区边缘，去除杂色边。单击"确定"按钮后，回到原工作区中。

图　2-75

"选择并遮住"工作区中常用属性如下。

颜色识别：简单背景或对比背景选择此模式。

对象识别：复杂背景上的毛发或毛皮选择此模式。

半径：对锐边使用较小的半径，对较柔和的边缘使用较大的半径。

智能半径：如果选区涉及头发和肩膀的人物肖像，此选项会十分有用。在这个边缘更加趋向一致的人物肖像中，可能需要将头发设置比肩膀更大的调整区域。

平滑：减少选区边界中的不规则区域，以创建较平滑的轮廓。

羽化：模糊选区与周围的像素之间的过渡效果。

图 2-76

对比度：增大时，沿选区边框的柔和边缘的过渡会变得不连贯。通常情况下，使用"智能半径"选项和调整工具效果会更好。

移动边缘：使用负值向内移动柔化边缘的边框，或使用正值向外移动这些边框。通常，向内移动这些边框有助于从选区边缘移去不想要的背景颜色。

净化颜色：削减式去除与选择主体边缘相交融的背景色，颜色替换的强度与选区边缘的软化度成比例。调整滑块可以改变净化量，默认值为 100%（最大强度）。

输出到：决定调整后的选区是变为当前图层上的选区或蒙版，还是生成一个新图层或文档。

【案例——丛林狮王】

素材："智慧职教"平台本课程中的"Chapter2\ 狮子 .jpg"和"丛林 .jpg"素材文件。

目标：练习使用快速选择工具并调整选区属性，将如图 2-77（a）所示的狮子从原背景中抠像出来，放入如图 2-77（b）所示的丛林背景中。

(a)

(b)

图 2-77

具体操作步骤请扫描二维码查看。

案例——丛林狮王

案例步骤

本节内容与职业技能等级标准（初级）要求对照关系见表2-8。

表 2-8

本书章节	对应职业技能等级标准（初级）要求		
	工作领域	工作任务	职业技能要求
2.5.1 基础类工具	2. 图像修饰	2.4 结构调整	2.4.1 能熟练通过变形手段对结构进行调整
2.5.2 选择类工具			2.4.3 能熟练对产品结构和形态进行美化

5. 利用"色彩特征"创建选区

（1）魔棒工具

利用工具栏中的魔棒工具 ⚡ 可以直接选择颜色一致的区域（如一片蓝天或一朵红花），而不必跟踪其轮廓。例如，图2-78所示的热气球图片，可以观察到蓝天部分是一片颜色一致的区域，所以选择魔棒工具，设置好容差值、消除锯齿、不连续，采用选区加法模式，很容易把蓝色的天空部分选出来，再执行"选择"→"反选"菜单命令，则可以快速把热气球部分选择出来。

（2）"色彩范围"命令

除了以上选区工具之外，还可以使用"色彩范围"命令选择当前选区、整个图像中指定的颜色或色彩范围。

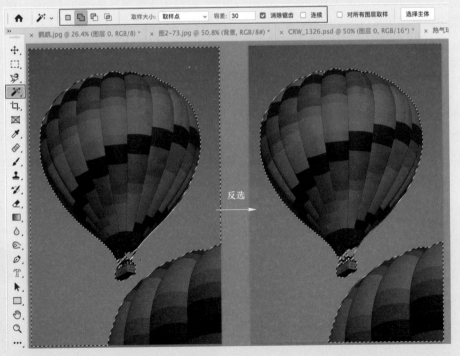

图 2-78

2.5.3 绘制类工具 ▽

1. 画笔工具和铅笔工具

工具栏下方有两个叠置的色块，是便捷的颜色选择工具。如图 2-79 所示，Photoshop 使用前景色来绘画、填充和描边选区，使用背景色来生成渐变填充和在图像已抹除的区域中填充。一些特殊效果滤镜也使用前景色和背景色来工作。可以使用吸管工具、"颜色"面板、"色板"面板或 Adobe 拾色器来指定新的前景色或背景色。系统默认的前景色是黑色，背景色是白色。

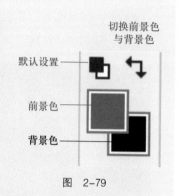

切换前景色
与背景色

默认设置

前景色

背景色

图 2-79

在使用画笔工具或其他绘图工具时，重要的是在属性栏中进行设置，在这些绘图工具属性栏中有许多相同的参数设置。

画笔工具的属性栏如图 2-80 所示。

图 2-80

铅笔工具的属性栏如图 2-81 所示。

图 2-81

在"画笔"面板中可以根据需要设置画笔的样式。设置画笔的"形状动态""散布""纹理""双重画笔"以及"颜色动态"等参数，可使画笔具有各种不同的绘制效果。在需要编辑画笔时，可以直接单击属性栏中的"切换画笔面板"按钮，也可以选择"窗口"→"画笔"菜单命令，打开"画笔"面板，如图 2-82 所示。

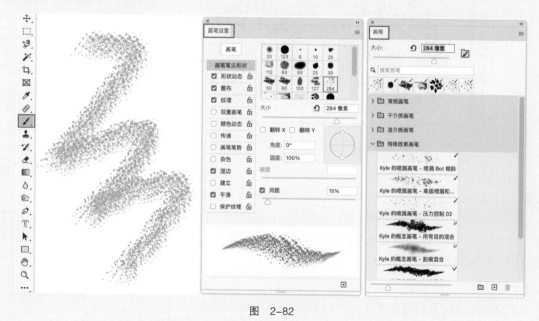

图 2-82

可以看到在 Photoshop 中内置了丰富的画笔样式，供用户选择使用。铅笔工具的编辑方式与画笔工具相同，此处不再赘述。

【案例——黑白艺术花瓶】

素材："智慧职教"平台本课程中的"Chapter2\黑白花瓶 .jpg"素材文件。

目标：练习使用画笔工具进行绘制，给摄影作品增添艺术趣味，如图 2-83 所示。

图　2-83

具体操作步骤请扫描二维码查看。

案例——黑白艺术花瓶　　案例步骤

2. 对称绘制

在使用画笔工具、铅笔工具及橡皮擦工具时，还可以绘制对称图形，其方法是单击选项栏中的蝴蝶图标按钮 ，如图 2-84 所示。使用对称模式可轻松创建曼陀罗等复杂的图案。下面创建一个新文件，尝试绘制径向对称和曼陀罗对称图案。

对称绘制

图　2-84

径向对称：围绕一个中心点或径向轴重复绘制一个画笔描边。例如，将"径向对称"的"段计数"设置为 6，Photoshop 会围绕中心点将一个画笔描边重复绘制 6 次。

曼陀罗对称：首先使用镜像，然后围绕中心点或径向轴重复绘制一个画笔描边。例如，将"曼陀罗对称"的"段计数"设置为 6，Photoshop 会使用镜像，并围绕中心点将一个画笔描边重复绘制 6 次。

3. 橡皮擦工具

橡皮擦工具组中有橡皮擦工具、背景橡皮擦工具和魔术橡皮擦工具这 3 种工具，如图 2-85 所示。在实际应用中，最常用的是橡皮擦工

图　2-85

具，其擦除的方法是在普通图层上涂抹，涂抹后的部分变为透明。如图 2-86 所示，使用橡皮擦工具擦除树下的草地部分，露出透明底色。

图　2-86

4. 形状工具

Photoshop 提供了几种常用的几何对象绘制工具，利用它们可以方便地绘制出各种形状的路径或形状。形状工具组中包括矩形工具、椭圆工具、三角形工具、多边形工具、直线工具和自定形状工具这 6 个矢量绘图工具，如图 2-87 所示。

形状工具的属性栏有丰富的图形库和各种参数可以调整，每一个绘制出的形状都是矢量图，如图 2-88 所示。矢量图分为描边和填充两部分，描边可以设置线条样式、粗细以及颜色，填充可以有纯色、渐变和图案几种方式，请读者自行尝试。

各种形状工具的使用这里就不详细讲解了，在绘制过程中可将一些漂亮的图形存储为自定义形状。某些场合下，使用形状工具也可以做出好的设计和效果，如图 2-89 所示。

图　2-87

图　2-88

图 2-89

2.5.4 修饰类工具 ▽

1. 模糊工具、锐化工具和涂抹工具

模糊工具 ○ 一般用于柔化硬边缘或减少图像中的细节。使用此工具在图层某个区域上绘制，绘制次数越多，该区域就越模糊。图 2-90 所示为原图及街景远处模糊虚化后的效果，能更好地突出主体。这种局部模糊就可以使用模糊工具。如图 2-91 所示，调整模糊画笔的大小和硬度，在画面背景处涂抹，直到得到满意的效果。

图 2-90

图 2-91

锐化工具 △.用于增加边缘的对比度以增强外观上的锐化程度。绘制的次数越多，增强的锐化效果就越明显。锐化是模糊的反向操作。如图 2-92 所示为带鱼原图及细节纹理锐化后的效果，能更好地突出质感。如图 2-93 所示，调整锐化画笔的大小和硬度，在画面细节处涂抹，直到得到满意的效果。

图 2-92

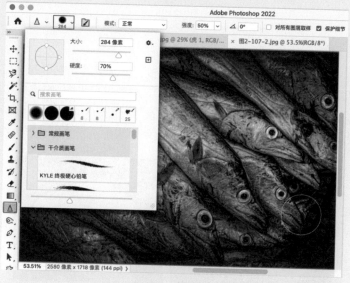

图 2-93

涂抹工具 ⊘.模拟将手指拖过湿油漆时所看到的效果。该工具可拾取描边开始位置的颜色，并沿拖动的方向展开这种颜色。如图 2-94 所示，用涂抹工具完成未完成的乌云表情，具体过程和参数参照图 2-95。

图 2-94

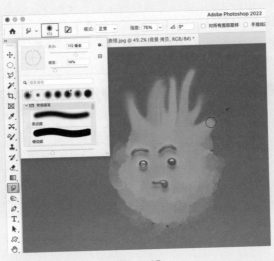

图 2-95

2. 减淡工具、加深工具和海绵工具

减淡工具 🔍 可使图像局部变亮。绘制的次数越多，该区域就会变得越亮。如图 2-96 所示，使用减淡工具可以将老鹰头颈部的白色羽毛加亮一些，参数设置见图 2-97。

加深工具 🖎 可使图像局部变暗。绘制的次数越多，该区域就会变得越暗。如图 2-98 所示，使用加深工具可以将云层的亮度降低，营造云层更强的体积感，属性设置参考图 2-99。

图 2-96

图 2-97

图 2-98

图 2-99

海绵工具 可精确地更改局部的色彩饱和度，即视觉上的色彩鲜艳程度。当图像处于灰度模式时，该工具通过使灰阶远离或靠近中间灰色来增加或降低对比度。在海绵工具的属性栏中，可选择"加色"或"减色"模式，加色增加饱和度，减色降低饱和度。如图 2-100 所示是拍摄的双彩虹照片，因为距离远，鲜艳度不够，可以通过海绵工具沿彩虹涂抹，加深饱和度。图 2-101 为具体参数设置，其中勾选了"自然饱和度"复选框。自然饱和度的增加和减少不会像调整饱和度那样剧烈，效果比较真实自然，非常适合摄影作品的处理。

图 2-100

图 2—101

本节内容与职业技能等级标准（初级）要求对照关系见表 2-9。

表 2-9

本书章节	对应职业技能等级标准（初级）要求		
	工作领域	工作任务	职业技能要求
2.5.4 修饰类工具	3. 图像增效	3.2 细节提升	3.2.2 能熟练通过加深及减淡方式增强对象体积感

2.5.5　修复类工具 ▽

使用修复类工具，可以轻松地修复污点、美白牙齿、修正红眼以及修复图像中的许多其他瑕疵。修复类工具主要包含工具栏中的仿制图章工具，以及如图 2-102 所示的修复工具组中的污点修复画笔工具、修复画笔工具、修补工具、内容感知移动工具和红眼工具。

图 2—102

1. 仿制图章工具

仿制图章工具 🖃 将图像的一部分复制到同一图像的另一部分，或复制到具有相同颜色模式的其他打开的图像文件中。该工具对于复制对象或移去图像中的缺陷很有用，也可以用于复制画面对象。

【案例——复制蒲公英】

素材："智慧职教"平台本课程中的"Chapter2\ 蒲公英 .jpg"素材文件。

目标：练习使用仿制图章工具复制画面元素，丰富画面效果，如图 2-103 所示。

案例——复制蒲公英

案例步骤

图 2-103

具体操作步骤请扫描二维码查看。

2. 修复工具组

修复画笔工具 与仿制图章工具类似，利用图像或图案中的样本像素来绘画，主要用于校正瑕疵。但该工具可以从被修饰区域的周围取样，并将样本的纹理、光照、不透明度和阴影等与所修复的像素匹配，从而去除照片中的污点和划痕，使人工痕迹不明显。

【案例——面部去瑕】

素材："智慧职教"平台本课程中的"Chapter2\面部 .jpg"素材文件。

目标：练习使用修复画笔工具修复面部瑕点，如图 2-104 所示。

案例——面部去瑕

案例步骤

图 2-104

具体操作步骤请扫描二维码查看。

污点修复画笔工具 可以快速去除照片中的污点或划痕等。其与修复画笔工具的工作方式类似，也是使用图像或图案中的样本像素进行绘画，并将样本像素的纹理、光照、不透明度和阴影等与所修复的像素相匹配。但修复画笔工具要求指定样本，而污点修复画笔工具可以自动从所修复区域的周围取样。

1
2
3
4
5
6
7
8
9
10
11

【案例——木板去痕】

素材："智慧职教"平台本课程中的"Chapter2\木板.jpg"素材文件。

目标：练习使用修复画笔工具修复木板上的主要瑕疵，如图2-105所示。

案例——木
板去痕

案例步骤

图　2-105

具体操作步骤请扫描二维码查看。

修补工具 与修复画笔工具类似，也可以用其他区域图案中的像素来修复选中的区域，并将样本像素的纹理、光照和阴影等与源像素进行匹配。该工具的特别之处是，需要用选区来定位修复范围。如图2-106所示沙滩上的鸽子，可以用修补工具去除。

修补工具

图　2-106

选择工具栏中的修补工具，在属性栏中选择"源"单选按钮。画出选区，包含住鸽子，按住鼠标左键将选区拖至要修补的区域，就会用当前选区中的图像修补原来选中的内容。如果选择"目标"单选按钮，则会将选中的图像复制到目标区。两种方法皆可，如图2-107和图2-108所示。

图　2-107 　　　　　　　　　　　图　2-108

红眼工具 可以去除用闪光灯拍摄的人物照片中的红眼，以及动物照片中的白色或绿色反光。例如，图2-109所示是常见的日常生活中拍摄到的红眼照片效果。去除红眼，其操作步骤非常简单，选中红眼工具，用鼠标在红眼处单击一下即可去除，如图2-110所示，去除后的效果如图2-111所示。

瞳孔大小：可设置瞳孔（眼睛暗色的中心）的大小。

变暗量：用来设置瞳孔的暗度。

图 2-109　　　　　　　　图 2-110　　　　　　　　图 2-111

内容感知移动工具 可在无复杂图层或慢速精确选择选区的情况下快速重构图像。内容感知移动有移动和扩展两种模式。移动模式在移动对象的同时，智能填充背景；扩展模式可对头发、树或建筑等对象进行扩展或收缩，效果令人信服。

【案例——花丛中的艾琳】

素材："智慧职教"平台本课程中的"Chapter2\little-alien.jpg"素材文件。

目标：练习使用内容感知移动工具，处理图片素材中的人物位移与背景补缺。首先使用移动模式将人物向左移动一点，再使用扩展模式将近处的花丛缺口填补上，如图2-112所示。

案例——花丛中的艾琳

图 2-112

案例步骤

具体操作步骤请扫描二维码查看。

2.5.6 填充类工具 ⊙

　　填充，顾名思义，就是使用颜色或图案填充选区、路径或图层内部。当然，也可以对选区或路径的轮廓添加颜色，此操作通常称作描边。在 Photoshop 里常用填充工具有以下几种。

1. 油漆桶工具与渐变工具

　　油漆桶工具 🪣 可以在图像或者选区中填充容差范围内的颜色和图案，在其属性栏中可以设置"前景色""图案""模式""不透明度""容差""消除锯齿""连续的"和"所有图层"等选项。

　　【案例——花朵填色】

　　素材："智慧职教"平台本课程中的"Chapter2\ 白色花朵 .jpg"素材文件。

　　目标：练习使用油漆桶工具，为白色花朵填色，如图 2-113 所示。

案例——花朵填色

案例步骤

图 2-113

　　具体操作步骤请扫描二维码查看。

　　渐变工具 ▦ 可以创建多种颜色间的逐渐混合。此渐变色可以是从前景色到背景色的渐变，也可以是从背景色到前景色的渐变，还可以是前景色和透明色之间的渐变，或者是其他颜色之间的渐变。图 2-114 所示是渐变编辑器，Photoshop 预设了很多不同色调与风格的渐变方案，可以直接采用，也可以在此基础上稍加编辑和新建。注意渐变编辑器下方的色带，上下有色标，可以单击以重新调整颜色与透明度。

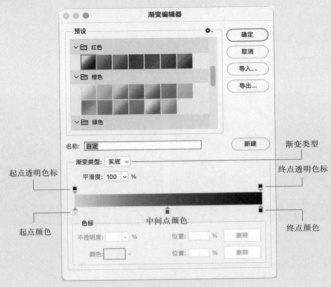

图 2-114

渐变有以下 5 种方式。

线性渐变：以直线从起点渐变到终点，如图 2-115 所示。

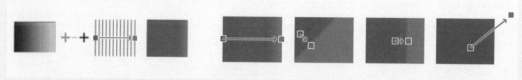

图 2-115

径向渐变：以圆形图案从起点渐变到终点，如图 2-116 所示。

图 2-116

角渐变：围绕起点以逆时针扫描方式渐变，如图 2-117 所示。

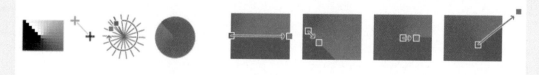

图 2-117

对称渐变：在起点的两侧镜像相同的线性渐变，如图 2-118 所示。

图 2-118

菱形渐变：遮蔽菱形图案从中间到外边角的部分，如图 2-119 所示。

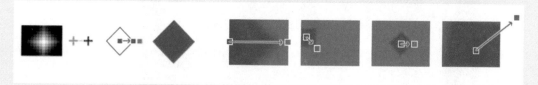

图 2-119

2. 内容识别填充工作区

内容识别填充是指通过从图像其他部分取样的内容来无缝填充图像中的选定部分。内容识别填充工作区可提供交互式编辑体验，通过几个简单的步骤可以实现很好的效果。

【案例——石墙人物】

素材："智慧职教"平台本课程中的"Chapter2\石墙人物.jpg"素材文件。

目标：练习使用内容识别填充工作区，去除人物，并自动填充石墙背景，如图2-120所示。

图　2-120

具体操作步骤请扫描二维码查看。

案例——石墙人物　　　案例步骤

2.6　图层

Photoshop 图层就如同堆叠在一起的透明纸，可以透过图层的透明区域看到下面的图层，也可以移动图层来定位图层上的内容，还可以更改图层的不透明度以使内容部分透明。通常，一个在 Photoshop 里编辑的作品包含数个图层，它呈现出来的视觉效果是所有图层共同叠放在一起呈现出来的。

图 2-121 所示是一个航天主题海报，海报中有背景、人物和文字，以及为烘托气氛添加的特效光和最后的整体调色。这个作品是由不同素材拍摄而来，通常会将不同元素放置在不同图层，把相对同一类的图层整理在组里，方便查找和管理。在这个案例中，有地球组、宇航员组和文字组，每组中有素材图层、调整图层、图层蒙版和图层效果。作品便是由丰富的图层和效果叠加在一起呈现出来的。

本节主要对 Photoshop 2022 中的图层进行全面、详细的介绍。使用图层可以创建各种图层特效，制作出充满创意的数字图像作品。

图　2-121

2.6.1 "图层"面板与基本操作

1. "图层"面板

"图层"面板用于显示当前图像的所有图层信息,也是进行图像编辑必不可少的工具。选择"窗口"→"图层"菜单命令或按F7键,都会弹出"图层"面板。通过该面板,可以调整图层的叠放顺序、图层的不透明度以及图层的混合模式等参数。单击"图层"面板中的各按钮,即可弹出面板菜单。在对图层的操作过程中,一般较常用的命令都可以通过该面板菜单完成。菜单中有的命令后面带有小三角,表示有下一级的子菜单,如图 2-122 所示,可以看到"图层"面板里汇集着丰富的功能。

图 2-122

2. 图层的基本操作

（1）新建图层

在编辑图像时经常需要建立新图层,通常有以下两种方法。

方法 1：选择"图层"→"新建"→"图层"菜单命令,在弹出的"新建图层"对话框中输入新建图层的名称,单击"确定"按钮即可,如图 2-123 所示。

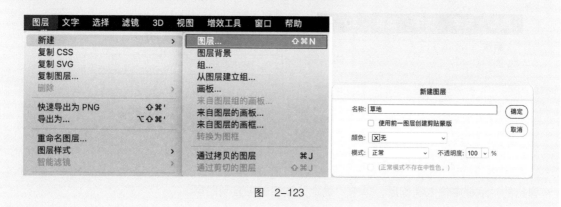

图 2-123

61

方法2：在"图层"面板的底部单击"创建新图层"按钮，在面板中会自动新建图层，如图2-124所示。

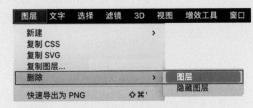

图　2-124　　　　　　　　　　　　图　2-125

（2）删除图层

当某个图层不再需要时，可以将其删除，从而减小文件的大小，加快文件的操作速度。删除图层的方法如下。

方法1：选择"图层"→"删除"→"图层"菜单命令，在弹出的对话框中单击"是"按钮即可删除，如图2-125所示。

方法2：选中要删除的图层，右击，在弹出的快捷菜单中选择"删除图层"命令即可。

方法3：选中要删除的图层，单击"图层"面板右下角的"删除"按钮，或者用鼠标将图层拖到"图层"面板下方的"删除"按钮上。

（3）复制图层

Photoshop提供了多种图层的处理方法，可以复制同一图像内的任何图层，也可以将一个图像中的图层复制到另外一个文件中。

方法1：选择"图层"→"复制图层"菜单命令，在弹出的对话框中输入名称后，单击"确定"按钮即可。在对话框中有一个目标文档的选项，即可以选择同文档里复制，也可以将图层复制到另一个打开的PSD文件里，如图2-126所示。

图　2-126

方法2：单击"图层"面板右上角的菜单按钮，从弹出的面板菜单中选择"复制图层"命令，在弹出的对话框中输入名称后，单击"确定"按钮即可复制图层。

方法 3：直接将要复制的图层用鼠标拖到"创建新图层"按钮上，"图层"面板上也会出现该层的复制图层。

方法 4：选中要复制的图层，右击，在弹出的快捷菜单中选择"复制图层"命令即可。

（4）组合图层

在一个复杂的 PSD 文件里，通常包含数十个图层甚至更多，如果希望能对图层进行分类管理，一个简单的方法是建立组。如图 2-127 所示，把所有的形状放在一个组里，单击"图层"面板下方的"创建新组"按钮，会出现一个类似文件夹图标的"组 1"，可以更改组名，接下来把需要进组的图层用鼠标拖曳到"组 1"中即可。

（5）链接图层

想要对几个图层同时进行移动、旋转、自由变形等操作，可以链接图层。

方法 1：在"图层"面板中同时选中要链接的多个图层，单击面板下方的"链接图层"图标按钮 ∞ ，此时，在链接图层的右边就会出现链接图标，如图 2-128 所示。

方法 2：选择"图层"→"链接图层"菜单命令，此时，已建立链接的图层旁边显示关联的图标。

（6）合并图层

当图像编辑完成以后，可以将一些不再需要改动的图层合并成一个图层，这样既可以减少磁盘空间，提高操作速度，又可以方便管理图层。单击"图层"面板右上角的菜单按钮，从弹出的面板菜单中选择合并方式，如图 2-129 所示。在"图层"下拉菜单和"图层"面板菜单中，主要有以下几种合并方式。

向下合并：选择该命令可向下合并图层，也可以按 Ctrl+E 组合键进行操作。

图 2-127

图 2-128

合并可见图层：每个图层前面的眼睛图标 ◉ 控制该图层可见或隐藏，合并可见图层是将面板中所有打开眼睛图标的可见层合并成一个图层。

拼合图像：选择该命令后，所有可见图层将被合并到背景层中，如果有隐藏的图层，将会弹出对话框，提示是否要扔掉隐藏的图层。

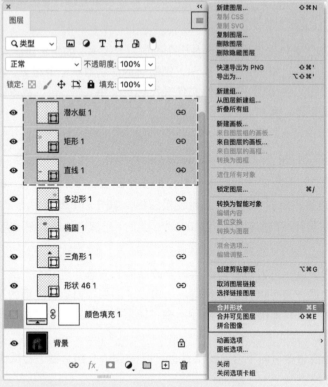

图 2-129

【案例——杯子花纹】

素材："智慧职教"平台本课程中的"Chapter2\ 杯子 .jpg"和"杯纹 .jpg"素材文件。

目标：使用图层，给杯子添加花纹，如图 2-130 所示。

图 2-130

案例——杯子花纹

案例步骤

具体操作步骤请扫描二维码查看。

2.6.2 图层混合模式 ⊙

图层混合模式是 Photoshop 中一项较突出的功能，在图层、图层样式、画笔、应用图像、计算等诸多地方都能看到它的身影。它决定了当前图层中的像素如何与底层图层中的像素混合，因此使用好图层混合模式可以轻松地获得一些特殊的效果。

Photoshop 提供了多种混合模式。当两个图层相邻重叠时，默认状态下为"正常"。在"图层"面板中单击"设置图层混合模式"下三角按钮，从弹出的下拉列表中可选择需要的模式，如图2-131所示。

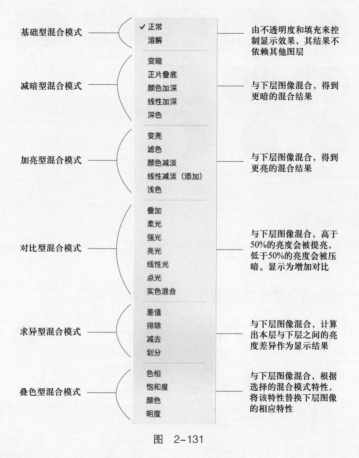

图 2-131

●**技巧 提示**

图层混合模式有很多选项，可以通过使用轮询的方式，如在Windows系统中按住Shift+Alt+加号键或减号键在混合模式中切换即可。

通过图 2-131 的概览介绍，可以知道图层混合模式分为六大类，每类都有相应的一致性。当在进行图像叠加操作时，应该清楚使用每种模式处理会大致得到什么样的效果。下面通过两种颜色的叠加图示直观了解混合模式的结果，如图 2-132 所示。

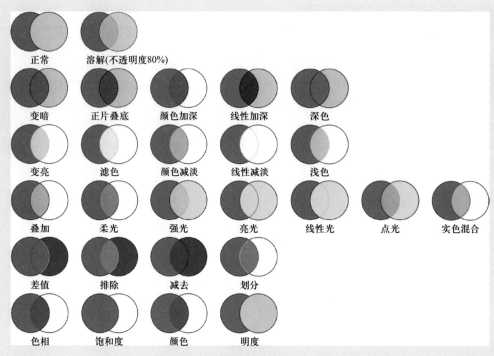

图　2-132

【案例——模特换装】

素材："智慧职教"平台本课程中的"Chapter2\白衣模特.psd""花纹1.jpg"和"花纹2.jpg"素材文件。

目标：练习使用图层混合模式，给模特换装，如图2-133所示。

案例——模特换装

图　2-133

案例步骤

具体操作步骤请扫描二维码查看。

2.6.3　图层样式的混合选项 ▽

图层样式的混合选项用于控制当前图层与其下面图层中像素的混合方式。"图层样式"对话框如图2-134所示，其中包括"投影""内阴影""外发光""内发光""斜面和浮雕"（"等高线"和"纹理"）、"光泽""颜色叠加""渐变叠加""图案叠加"以及"描边"等图层样式，可以使用一种或多种效果创建自定样式。

投影：在图层内容的后面添加阴影。

内阴影：紧靠在图层内容的边缘内侧添加阴影，使图层具有凹陷感。

外发光和内发光：添加从图层内容的外部边缘或内部边缘发出的光。

斜面和浮雕：对图层添加高光与阴影的各种组合，以实现立体效果。

光泽：应用内部阴影展现光滑光泽。

颜色、渐变和图案叠加：用颜色、渐变或图案填充图层内容。

描边：使用颜色、渐变或图案在当前图层上描画对象的轮廓。它对于硬边形状（如文字）特别有用。

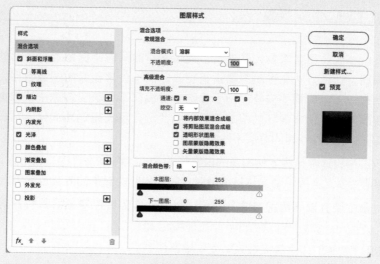

图 2-134

【案例——设计艺术字】

素材：新建文件。

目标：练习图层样式的添加和组合使用，设计如图2-135的艺术字。

图 2-135

案例——设计艺术字

案例步骤

具体操作步骤请扫描二维码查看。

本节内容与职业技能等级标准（初级）要求对照关系见表2-10。

表 2-10

本书章节	对应职业技能等级标准（初级）要求		
	工作领域	工作任务	职业技能要求
2.6.3 图层样式的混合选项	3. 图像增效	3.7 图层样式设计	3.7.1 能掌握多种添加图层样式的方法
			3.7.2 能熟练使用图层样式预设
			3.7.3 能熟练设计图层样式效果
			3.7.4 能保存自定义图层样式

2.6.4 智能对象

一个 Photoshop 作品通常需要大量素材，编辑素材的同时又保留素材原始的样貌和参数，就是非破坏性编辑。这种方式允许对图像进行更改，而不会覆盖原始图像数据，即原始图像数据将保持可用状态以备随时需要恢复。由于非破坏性编辑不会移去图像中的数据，因此不会降低图像品质。智能对象支持非破坏性缩放、旋转和变形，还支持调整变化、阴影和高光，是在 Photoshop 中执行非破坏性编辑的重要手段之一。

在 Photoshop 中，通常是将素材图像的内容嵌入 Photoshop 文件中，也可以创建引自外部图像文件的链接智能对象。当源图像文件被编辑时，链接的智能对象的内容也会随之更新。

创建智能对象主要有以下两种方式，都可以将文件作为智能对象导入打开的 Photoshop 文件中。

方法1：选择"文件"→"置入嵌入对象"菜单命令。

方法2：选择"文件"→"打开为智能对象"菜单命令，选择文件，然后单击"打开"按钮。

若要创建链接的智能对象，则选择"文件"→"置入链接的智能对象"菜单命令，选择文件，然后单击"打开"按钮。

如图2-136所示，在 Photoshop 里打开向日葵和蝴蝶两幅图片，若把蝴蝶图片作为智能对象置入向日葵图片文件里，可以看到蝴蝶图层带有"智能对象"标识，呈现白色背景，并且大小和角度需要进一步调整。当双击该图层时，Photoshop 会自动打开蝴蝶图片的源文件，如图2-137所示。

尝试对智能对象蝴蝶先添加蒙版遮住白色背景，再进行大小、旋转角度的调节，可以看出蝴蝶图片的源文件没有改变，依旧保有原来的信息，如图2-138所示。

如果将蝴蝶图片作为"链接的智能对象"置入向日葵图片，因为有链接的存在，当更改蝴蝶图片的源文件，使它换个色调时，那么向日葵图片里的蝴蝶色调也会相应改变。对于团队协作或对于设计素材等资源必须在设计间重复使用的情况，链接的智能对象特别有用，如图2-139所示。

智能对象

图 2-136

图 2-137

① 添加图层蒙版，遮住白色背景
② 对蝴蝶进行缩放和角度旋转

图 2-138

图　2-139

2.6.5　图像多焦点合成 ▼

　　摄影时，针对同一对象拍照，由于聚焦不同，对象的不同部位的清晰度也就不同。有时为了获得一个拍摄对象整体各部位细节的清晰展现，可以同时拍摄多张不同焦点的图片，通过Photoshop进行多焦点合成处理，即把这些照片叠加起来，从而得到一张总体画面都清晰的照片。图 2-140 所示是一系列在微距下拍摄的同一昆虫的照片。昆虫的身体结构复杂，细节非常丰富，为了充分清晰地表现它的头部，对其头部各部分拍摄了不同焦点的照片。如图 2-141 所示，任意打开两张图片对比，可以发现清晰的部分各不相同，全焦点合成就是将它们的清晰部分提取出来，合成为一张图片。

图　2-140

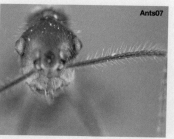

图 2-141

案例——昆虫的多焦点合成

案例步骤

【案例——昆虫的多焦点合成】

素材："智慧职教"平台本课程中的"Chapter2\Ants01.psd"~"Ants13.psd"素材照片。

目标：练习使用自动混合图层功能，合成一幅多焦点图片。

具体操作步骤请扫描二维码查看。

本节内容与职业技能等级标准（初级）要求对照关系见表 2-11。

表　2-11

本书章节	对应职业技能等级标准（初级）要求		
	工作领域	工作任务	职业技能要求
2.6.5 图像全焦点合成	3. 图像增效	3.4 图像合成	3.4.2 能熟练创建全焦点合成图像

2.6.6　图像拼接 ▼

一般的普通照相机能记录的图片像素非常有限，无法满足大尺寸输出的需求。为了获得更大尺幅的照片，需要进行图像拼接，即接片。接片可以产生特定的画幅比例，展现出独特的视野与更多的画面细节。随着虚拟现实（VR）技术的普及，合成360°全景图的广泛应用也使得接片成为图片后期处理常用的操作。本节将尝试使用 Photoshop 中的 Photomerge 命令来实现常规镜头拍摄图像的接片方法。

利用 Photomerge 命令可以方便快捷地将多幅照片组合成一个连续的图像。如图 2-142 所示，上方 4 幅图片是在同一地点拍摄的连续风景照片，它们可以被合并融合到一张全景图中。

图 2-142

【案例—拼接风景】

素材："智慧职教"平台本课程中的"Chapter2\风景 -1.dng"～"风景 -4.dng"素材照片。

案例——拼接风景

目标：练习使用 Photomerge 的自动拼接功能，拼接一幅全景图片。

具体操作步骤请扫描二维码查看。

利用 Photomerge 拼接图片是非常易用的功能，为了得到较好的拼接效果，在拍摄素材时需要注意以下几点。

案例步骤

① 充分重叠图像：图像之间的重叠区域应约为 40%。如果重叠区域较小，则 Photomerge 可能无法自动汇集全景图。

② 使用同一焦距：如果使用的是变焦镜头，则在拍摄照片时不要改变焦距（放大或缩小）。

③ 使相机保持水平：Photomerge 可以处理图片之间的轻微旋转，但如果相机在拍摄时发生倾斜，在汇集全景图时可能会导致错误。

④ 保持相同的位置：不改变拍摄的位置，或使用三脚架等辅助设备保证照片来自同一个视点。

⑤ 避免使用扭曲镜头：扭曲镜头可能会影响 Photomerge 的效果。

⑥ 保持同样的曝光度：Photomerge 中的混合功能有助于消除不同的曝光度，但很难使差别极大的曝光度达到一致。

本节内容与职业技能等级标准（初级）要求对照关系见表 2-12。

表　2-12

本书章节	对应职业技能等级标准（初级）要求		
	工作领域	工作任务	职业技能要求
2.6.6 图像拼接	3. 图像增效	3.4 图像合成	3.4.3 能熟练拼贴高分辨率矩阵图像

2.7　通道

本节主要讲解通道的使用。在 Photoshop 中，通道是很重要的辅助编辑功能，其不但能保存图像的颜色信息，而且还是补充选区的重要方式（可方便选择很复杂图像的选区）。

2.7.1 通道的概念 ⊙

在 Photoshop 中，通道的作用举足轻重，丝毫不逊色于图层。通道主要用来保存图像的颜色信息，一般可分为以下 3 种类型。

原色通道：用来保存图像颜色数据。例如，一幅 RGB 模式的图像，其颜色数据分别保存在红、绿、蓝 3 个通道中，而这 3 个颜色通道又合成了一个 RGB 主通道。因此，一个标准的 RGB 文件其实包含 4 个内建通道。无论改变 R、G、B 哪个通道的颜色数据，都会马上反映到 RGB 主通道中。图 2-143 所示为原图像和隐藏"蓝"通道后的效果。

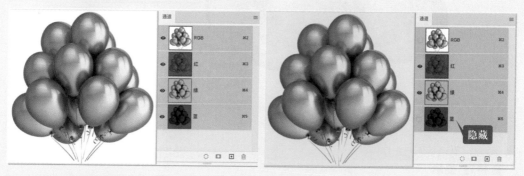

图 2-143

Alpha 通道：用来存储图像上的选区。如图 2-144 所示，将气球的选区保存在通道 Alpha 1 中，就是一种 Alpha 通道。

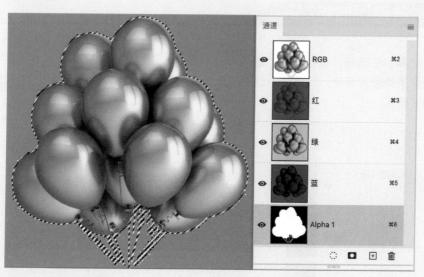

图 2-144

专色通道：一种具有特殊用途的通道，在印刷时使用一种特殊的混合油墨替代或附加到图像的 CMYK 油墨中，出片时单独输出。如图 2-145 所示，若将气球打印出来，金色气球部分需要用到额外添加的金墨，金墨作为一种专色，需要提前把气球部分保存在专色通道里。

1
2
3
4
5
6
7
8
9
10
11

图 2-145

● 技巧 提示

通道的数量及通道中的像素信息影响着文件的大小。某些文件格式，如TIFF和PSD等，可以压缩通道信息并节省空间。一般情况下，只有以PSD、PDF、PICT、TIFF或RAW格式存储文件时，才保留 Alpha 通道。

2.7.2 "通道"面板 ▽

在 Photoshop 中选择"窗口"→"通道"菜单命令，可以显示"通道"面板。该面板列出了当前打开图像中的所有通道，以及常用的面板操作，如图 2-146 所示，最常用到的操作就是选区与通道的相互转换。

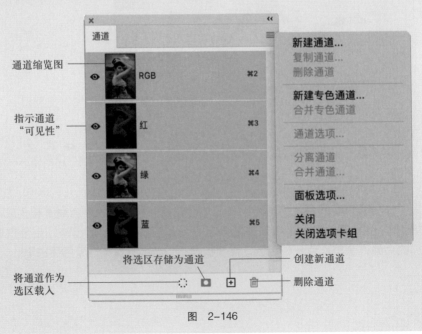

图 2-146

2.7.3 通道的分离与合并 ▼

在 Photoshop 中，可以将彩色图像中的通道拆分到不同的文件中，拆分出的文件以灰色图像显示在屏幕上。当文件太大且不能保存时，可以使用拆分通道的方法。另外，对于一些不能保存通道信息的文件格式（如 EPS、JPEG 等），也可以通过拆分通道来保存通道信息。如图 2-147所示，对金色气球图片的通道执行"分离通道"命令，操作后会分离出 3 个灰度图像，如图 2-148所示，从左向右分别是红通道灰度图、绿通道灰度图和蓝通道灰度图。

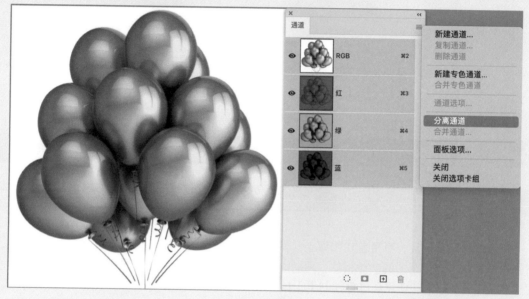

图 2-147

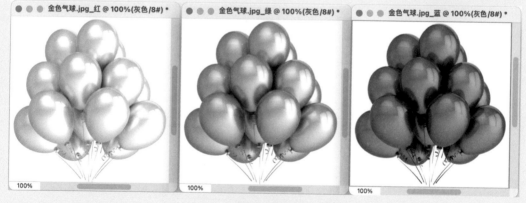

图 2-148

与分离通道相反，合并通道可以将若干个灰度图像合并起来，使其成为一个完整的图像文件。选择"合并通道"命令之前，必须在屏幕上打开要合并的通道文件，要求都是灰度图像，而且长宽尺寸、分辨率都一样。将刚才分离的 3 个通道文件再合并，找到 3 个文件中任何一个的"通道"面板，如图 2-149 所示，执行"合并通道"命令，弹出"合并通道"对话框，选择"模式"为"RGB颜色"，单击"确定"按钮后弹出 "合并 RGB 通道"对话框，再单击"确定"按钮，则 3 个文件会再合并成原来的金色气球文件。

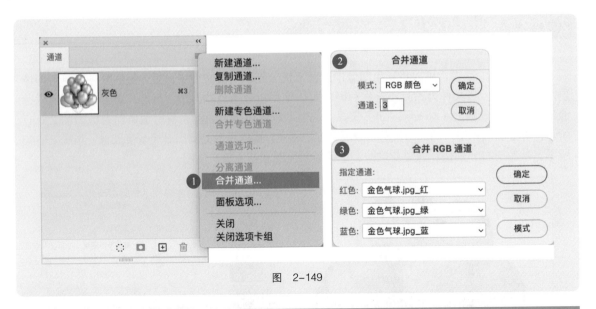

图　2-149

2.8　蒙版

2.8.1　蒙版的概念 ▽

　　蒙版的作用是遮蔽，可覆盖在图像上，保护被遮挡的区域，即只允许对被遮挡以外的区域进行修改。蒙版与选区范围的功能相似，两者之间既可以相互转换又有所区别，可以使用选区工具对选取范围进行修改，使用画笔等绘制类工具对蒙版进行修改。图 2-150 所示是 Photoshop 菜单栏里和蒙版相关的命令。

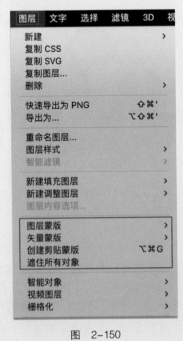

图　2-150

2.8.2 蒙版的种类 ▼

在 Photoshop 中，可以创建图层蒙版、矢量蒙版、剪贴蒙版和快速蒙版这 4 种类型的蒙版。

1. 图层蒙版

图层蒙版是与分辨率相关的位图图像，可使用绘画或选择工具进行编辑。图层蒙版是一种灰度图像，蒙版中用黑色绘制的区域会将关联的对象隐藏，用白色绘制的区域会使对象可见，而用灰度绘制的区域将对象以不同级别的透明度出现。

如图 2-151 所示，将仙人掌和鸡蛋合成为一幅作品，方法便是将鸡蛋图片作为背景，给仙人掌图层添加一个黑白渐变的蒙版，蒙版中黑色区域遮住了仙人掌对应的区域，白色部分对应的仙人掌显露出来，中间灰色区域过渡。

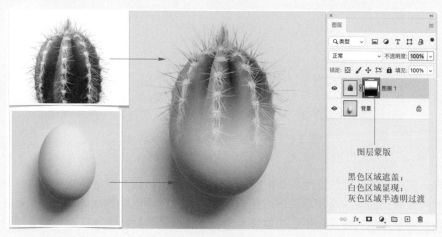

图 2-151

2. 矢量蒙版

矢量蒙版是通过路径建立的，与分辨率无关。矢量蒙版通常比基于位图的工具创建的蒙版在轮廓上更加平滑。通常使用钢笔或形状工具创建矢量蒙版。

如图 2-152 所示，若想制作出从放大镜里看到星球的奇幻效果，先用弯度钢笔工具绘制出放大镜的圆形镜片轮廓的矢量路径，保存为路径，然后通过 "图层" → "矢量蒙版" → "当前路径" 菜单命令，给星球图片添加矢量蒙版。

图 2-152

3. 剪贴蒙版

剪贴蒙版可用某个图层的内容来遮盖其上方的图层，即底层或基底图层的内容决定其蒙版。基底图层的非透明内容将在剪贴蒙版中裁剪（显示）它上方图层的内容，剪贴图层中的所有其他内容会被遮盖（隐藏），如图2-153所示。

图　2-153

4. 快速蒙版

利用快速蒙版功能可以快速地将选取范围转换为蒙版，对该蒙版进行处理后，可以将其转换为一个精确的选取范围。快速蒙版的优点在于可使用画笔灵活地绘制出选取范围，且在绘制的过程中可以随时调整画笔的硬度、不透明度等属性，这决定了后期转为选区时可拥有灵活变化的羽化程度和不透明度。

创建快速蒙版的方法如图2-154所示。首先选中要添加蒙版的图层，单击左侧工具栏下方的"以快速蒙版模式编辑"按钮◻，调整画笔的属性参数，在画面中涂抹，可看到"通道"面板中会直接建立一个"快速蒙版"通道用画笔绘制完成后，再次单击工具栏中的按钮◼，退出快速蒙版编辑模式，或者在"通道"面板中选择将通道转为选区，最终得到一个通过快速蒙版方式建立的选区，如图2-155所示，然后建立为图层蒙版即可应用。

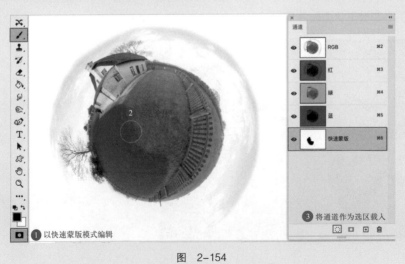

图　2-154

图 2-155

【案例——荒野孤狼】

素材："智慧职教"平台本课程中的"Chapter2\远山 .jpg"和"孤狼 .jpg"素材文件。

目标：练习使用快速蒙版功能，创作荒野孤狼的艺术作品，如图 2-156 所示。

图 2-156

具体操作步骤请扫描二维码查看。

案例——荒野孤狼　　案例步骤

2.8.3 蒙版的应用 ▽

【案例——龟山】

素材："智慧职教"平台本课程中的"Chapter2\龟 .jpg"和"山 .jpg"素材文件。

目标：练习建立图层蒙版，实现对象的遮罩和融合，如图 2-157 所示。

案例——龟山

案例步骤

图　2-157

具体操作步骤请扫描二维码查看。

2.9　色彩调整

本节主要讲解如何快速方便地控制、调整图像的色彩和色调，包括色阶、自动对比度、曲线、自动颜色、色彩平衡、亮度/对比度、色相/饱和度、反相和色调均化等。只有有效地控制这些参数，才能制作出高质量的图像。

2.9.1　直方图

直方图用图形表示图像的每个亮度级别的像素数量，展示像素在图像中的分布情况。直方图显示阴影中的细节（在直方图的左侧部分显示）、中间调（在中部显示）以及高光（在右侧部分显示），可以帮助用户确定某个图像是否有足够的细节来进行良好的校正。

选择"窗口"→"直方图"菜单命令即可打开"直方图"面板，在该面板中可以清楚地观察到当前图像颜色的各种属性，如图 2-158 所示。

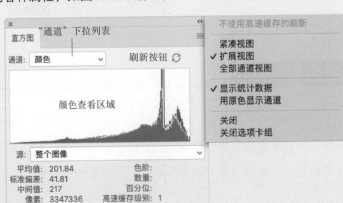

直方图和色阶

图　2-158

直方图在数码摄影中非常重要。一般情况下，在前期拍摄和后期处理时，读取直方图的首要目的就是了解曝光和影调反差的跨度和分布情况。对于曝光正常与否的判断，简单来说有 3 种情况（见图 2-159）：曝光过度的照片；具有全影调的正常曝光的照片；曝光不足的照片。

图　2-159

本节内容与职业技能等级标准（初级）要求对照关系见表 2-13。

表　2-13

本书章节	对应职业技能等级标准（初级）要求		
	工作领域	工作任务	职业技能要求
2.9.1 直方图	2. 图像修饰	2.1 色彩还原	2.1.3 能通过直方图准确判断图像影调缺陷

2.9.2　色阶 ⊙

色阶通过调整图像的阴影、中间调和高光的强度级别，校正图像的色调范围和色彩平衡。

色阶有以下两种打开方式。

方法 1：选择"图像"→"调整"→"色阶"菜单命令，如图 2-160 所示，在弹出的"色阶"对话框中以拖动滑块或输入数字的方式调整输出及输入的色阶值即可。这样所做的调整会直接覆盖到原图层上，无法再次修改或者撤销。

方法 2：单击"图层"面板下方的"创建新的填充或调整图层"按钮，会弹出如图 2-161 所

1
2
3
4
5
6
7
8
9
10
11

示的下拉菜单，这里面包括了所有的调整图层命令。选择其中的"色阶"命令，就可以新建一个色阶调整图层，或者直接单击"调整"面板中的"色阶"图标按钮▦进行添加。调整图层在原图层的上方单独存在，并不会覆盖原始图层数据，因此可以随时修改色阶调整效果。在实际使用中，尽量多从调整图层上调用。

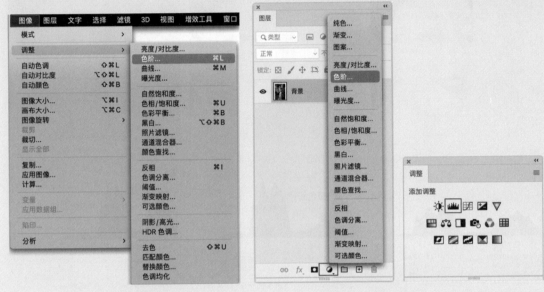

图 2-160 图 2-161

以常用的由调整图层创建而来的"色阶"面板为例，观察色阶相关的属性与参数，如图 2-162 所示。色阶工具中包含了预设、通道、直方图、吸管等部分，最常用的就是前面介绍的直方图，其反映了调整前的图像的所有像素在 0~255 的亮度区间的分布。直方图下面有黑色、白色和中灰 3 个滑块，分别对应调整照片的阴影输入色阶、中间调输入色阶和亮部输入色阶。直方图下面还有一个叫作"输出色阶"的工具，该工具控制了调整后图像的亮度范围，左边黑色滑块控制了调整后照片的亮度下限，右边白色滑块控制了输出的亮度上限。默认的输出色阶是 0~255，也就是调整后的照片最暗的部分亮度可以是 0（纯黑），最亮的部分亮度可以是 255（纯白），也可以自行定义输出的色阶区间。

如果移动黑色输入滑块，会将移动后对应的亮度值映射为输出色阶 0；移动白色滑块，则会将移动后对应的亮度值映射为输出色阶 255。其余的色阶将在色阶 0 和 255 之间重新分布。这种重新分布情况将会增大图像的色调范围，视觉上增强了图像的整体对比度。中间输入的灰色滑块用于调整图像中的灰度系数，它会移动中间调，并更改灰色调中间范围的强度值。

以热气球图片为例，如图 2-163 所示，其色阶直方图中部分高光部分是缺失的，所以整个图像偏暗。如图 2-164 所示，将输入的白色滑块向左移动至 185 的位置，等于将原来像素值 185 映射到输出的 255，增大了原图的色调范围，尤其是高光部分，所以调整后的右图明显亮度增加了。接着保持黑色滑块不动，右移中间的灰色滑块，如图 2-165 所示，整体上增加了图像的对比度。

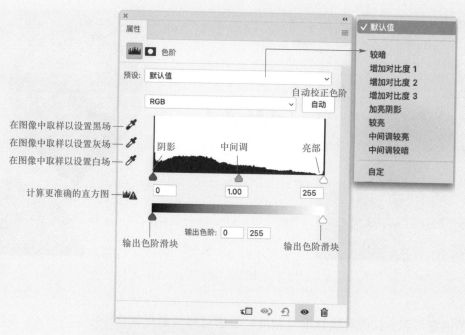

图 2-162

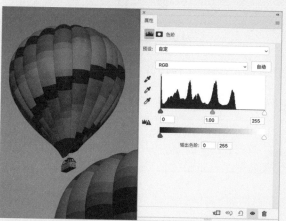

图 2-163

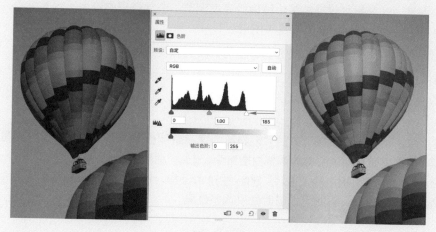

图 2-164

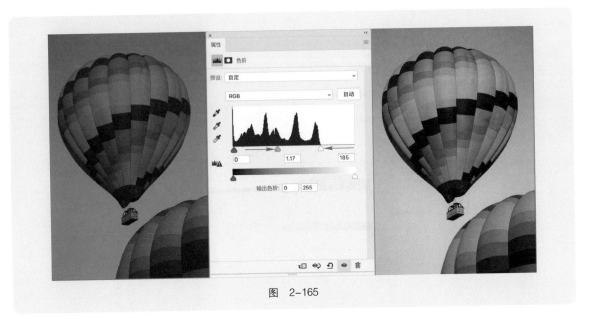

图　2-165

本节内容与职业技能等级标准（初级）要求对照关系见表2-14。

表　2-14

本书章节	对应职业技能等级标准（初级）要求		
	工作领域	工作任务	职业技能要求
2.9.2 色阶	2. 图像修饰	2.1 色彩还原	2.1.4 能熟练使用调色方式修复影调缺陷

2.9.3　曲线

1. 曲线的概念

曲线是 Photoshop 调色中的核心工具，通过改变曲线的形态，可以对图像的亮度、色彩进行非常精细的调节，尤其是可以提供最为精确的亮度调节。曲线形态的设置不容易掌握，但熟悉以后很多人会将曲线作为主要的调色工具来使用。

在 Photoshop 中，可以通过以下两种常见方式找到和使用曲线功能。

方法 1：选择"图像"→"调整"→"曲线"菜单命令，然后在弹出的"曲线"对话框中编辑曲线即可，这样所做的调整会直接覆盖到原图层上，无法再次修改或者撤销，如图 2-166 所示。

方法 2：单击"图层"面板下方的"创建新的填充或调整图层"按钮，会弹出如图 2-167 所示的下拉菜单，这里面包括了所有的调整图层命令。选择"曲线"命令，就可以新建一个调整图层，或者直接单击"调整"面板中的"曲线"图标按钮 添加。调整图层在原图层的上方单独存在，并不会覆盖原始图层数据，因此可以随时修改调整效果。

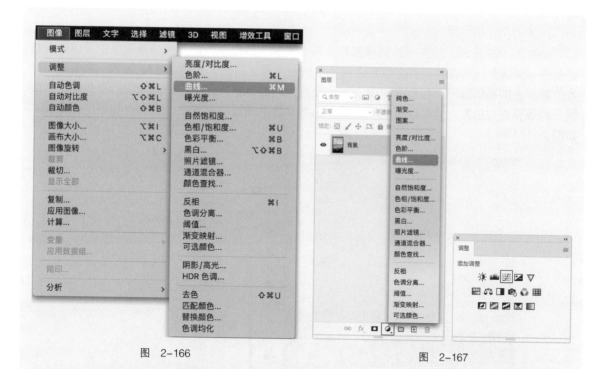

图　2-166　　　　　　　　　　　　　　　　　图　2-167

图 2-168 所示为曲线调整面板，曲线图上有两个轴向，水平轴代表输入（修改前的强度），从左至右表示从暗到亮（0~255）；垂直轴代表输出（修改后的强度），从下到上表示从暗到亮（0~255）。初始状态时，图像的色调为一条从左下到右上的直线，即各个点的输入值等于输出值。直线的左下部分代表阴影，中间代表中间调，左上代表高光。预设里有提供几种常用的曲线调整方案，方便使用。

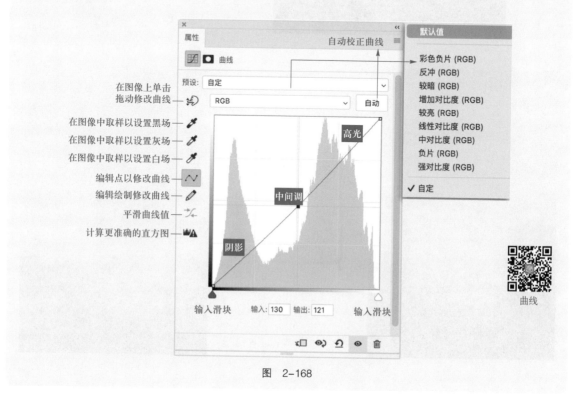

图　2-168

2. 曲线的基本形态

如图 2-169 所示，打开一张风景照片，在"图层"面板中添加曲线调整图层，可以看到初始状态，曲线是一条直线，各个像素点的亮度值输入等于输出。如图 2-170 所示，在曲线上任意位置单击即可创建一个控制点，向上拖动提亮对应的像素，向下拖动则减暗对应的像素。曲线上的调整相对抽象，也可以开启"在图像上拖动修改曲线"的模式，更加直观地进行调整，如图 2-171 所示。

图 2-169

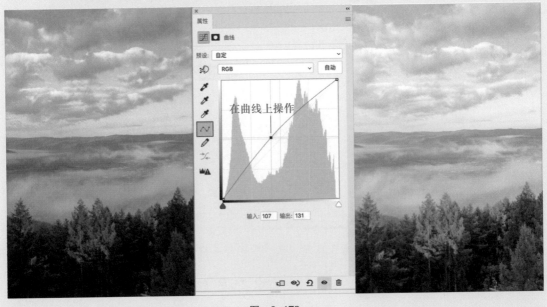

图 2-170

86

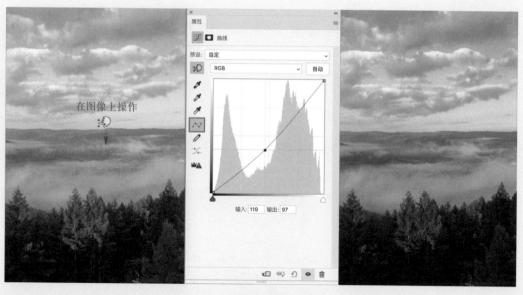

图　2-171

所以，曲线的各种变化其实都是上曲线和下曲线两种形状的各种组合，上曲线上对应的像素变亮，下曲线对应的像素变暗。曲线陡峭，表示对应部分的影调反差强烈（见图 2-172）；曲线平缓，则表示反差较小（见图 2-173）。

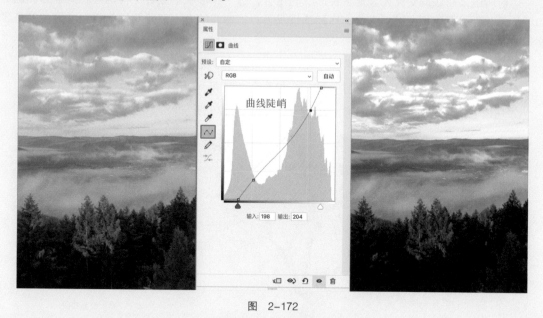

图　2-172

因此，不管曲线的形状有多复杂，只需要掌握以下两个基本点：

① 曲线上的每个锚点都有输入和输出两个值，输入代表修改前，输出代表修改后。如果输入值和输出值一样，表示这个点没有发生任何修改。如果要全局修改，可以拉动整个曲线；如果要进行局部修改，则需要打一些锚点来锁定不需要修改的区域，只拉动需要修改的目标区域的曲线。

② 曲线如果是在复合通道（RGB 通道）的坐标系里被修改，对应的是图片亮度即明暗变化；如果是在单色通道里调整，对应的是图片的颜色变化。

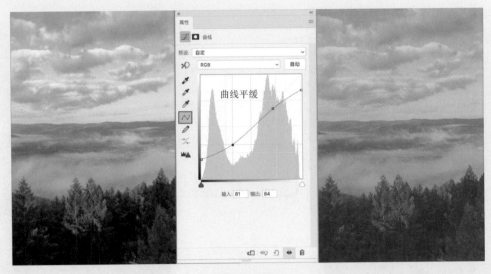

图 2-173

由此可见，实际上一共可以操作 4 条曲线。仅仅这 4 条曲线，就可以涵盖色阶、对比度、亮度、色彩平衡、反相、色彩分离、阈值等调整命令的作用，而且万变不离其宗。

3. 曲线的常见形状和功能

如前所述，曲线的变化无非是多种形状的组合，每一种形状对应着一种功能。为了方便记忆和增加趣味性，可以把曲线拟人化，在默认情况下，把曲线的右上部分看作头部，中间自然是腰腹部，左下就当作腿脚。

下面重点介绍曲线调整的 4 种常规方法和 7 种高级非常规方法。4 种常规方法如下：

① 提亮。简称上曲线，似人动作：鞠躬，如图 2-174 所示。

② 压暗。简称下曲线，拟人动作：挺肚子，如图 2-175 所示。

图 2-174

③ 提高对比度。简称 S 曲线，拟人动作：躬背屈膝，如图 2-176 所示。

④ 降低对比度。简称反 S 曲线。拟人动作：挺胸翘臀，如图 2-177 所示。

图　2-175

图　2-176

图　2-177

以上4种曲线是最基本的曲线造型，它们有一个共同的特点即左右两个端点都没有移动，相当于是锁定两个端点后进行的曲线调整。接下来再看另外7种形状，它们都将两端的端点进行了移动，所以统一归为非常规方法。

①暗部压缩曲线。其特征是曲线左边的端点上移。拟人动作：翘尾巴，如图2-178所示。该曲线使画面中的纯黑消失，将画面提亮并给人轻盈的感觉，因此经常用来模拟胶片，营造空气感和宁静感。

图　2-178

②暗部扩展曲线。其特征是曲线的左端点向右移动，拟人动作：夹尾巴，如图2-179所示。该曲线用来增加画面中的黑色部分，从而让画面看起来暗部更重。许多黑白照片缺失黑场就可以通过这条曲线来补救，也可以用来营造严肃或者悲伤的气氛。

图　2-179

③亮部扩展曲线。其特征是曲线的右端点向左移动，拟人动作：抬起头，如图 2-180 所示。该曲线可以扩张画面中纯白的部分，让画面的亮部更多，一般用于高调照片。黑白照片若缺失白场也可以通过这条曲线来补救。

图　2-180

④亮部压缩曲线。其特征是曲线的右端点下移。拟人动作：低头，如图 2-181 所示。该曲线可以使直方图最右边的像素向左移动，相当于把整个直方图往左边压缩，这样能让画面中的纯白消失，将画面加暗，并给人深沉暗淡的感觉。

图　2-181

关于曲线里两个端点的控制，可以在上面 4 种情况的基础上延展一下，又可以得到以下 3 种曲线形状。

⑤反向。简称黑白颠倒曲线，拟人动作：转身，如图 2-182 所示。

图 2-182

⑥ 灰色曲线。简称水平曲线，拟人动作：躺平，如图 2-183 所示。曲线平缓，代表图像这一部分反差较小。只要不是呈水平状态就会有影像，但如果出现完全水平这种极端情况，就会依照曲线坐标图左侧所示的灰度条位置出现灰色图像，可理解为这条曲线的结果就是使画面处于垂直坐标上的某一个亮度。

图 2-183

⑦ 色调分离。简称垂直曲线，拟人动作：立直，如图 2-184 所示。曲线陡峭，代表图像这一部分的影调反差强烈。当出现极端情况如曲线完全垂直于 X 轴时，画面就被最大的反差化了。如果调整的是一张灰度照片，就会被反差为只有黑白两色；但如果是彩色照片，因为有 R、G、B 这 3 个通道，会出现 8 种以上的颜色（每个通道只有两种颜色的话，3 个通道就是 $2^3 = 8$ 种颜色）。

图　2-184

　　掌握了以上 11 种基本曲线形状后，就可以任意组合它们来修改图片。再复杂的曲线，也脱离不了这 11 种基本形；有些组合曲线虽然整体复杂，但观察到局部，都是由基本形组合而成。这也从另一方面说明了曲线的强大——这些基本形状的组合可以完全取代亮度、对比度、色阶等调色命令。

　　使用曲线工具调整图像的核心原因在于其可以进行局部调整。判断一个后期软件的好坏，除了要能对图像进行全局调整，更重要的是有强大的局部调整功能。曲线的强项就在于通过打锚点的方式来锁定或保护一些区域，只操作局部。

　　举个例子，如果一幅照片的亮部曝光正常，但阴影部分有些欠曝，该怎么办呢？如果用亮度命令调整，整体都会变亮，而用图层蒙版稍显复杂，这时候曲线工具就派上用处了。在曲线的亮部单击，建立一个锚点，整个亮部区域相当于被锁定了，如图 2-185 所示。然后往上拖曳左下方的曲线，相当于对暗部做了提亮调整，同时也保证了高光部分的曝光正常，效果如图 2-186 所示。

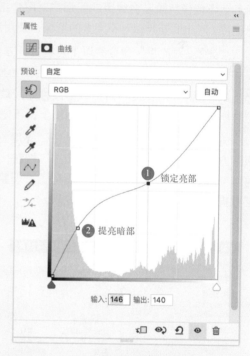

图　2-185

图　2-186

本节内容与职业技能等级标准（初级）要求对照关系见表2-15。

表 2-15

本书章节	对应职业技能等级标准（初级）要求		
	工作领域	工作任务	职业技能要求
2.9.3 曲线	3. 图像增效	3.3 影调提升	3.3.1 能熟练使用曲线对图像影调进行精细化调节

2.9.4 常用色彩调整命令 ⊙

1. 亮度 / 对比度

"亮度/对比度"命令主要用来调整图像的亮度和对比度，但该命令不能对单一通道进行调整，而且也不能像色阶及曲线等功能那样对图像细调，所以只能简单、直观地对图像粗调，特别是对于亮度/对比度差异相对不太大的图像，使用起来比较方便。

"亮度/对比度"命令有以下两种打开方式。

方法1：选择"图像"→"调整"→"亮度/对比度"菜单命令，如图2-187所示，然后在弹出的"亮度/对比度"对话框中以拖动滑块或输入数字的方式调整输出及输入的亮度值即可，这样所做的调整会直接覆盖到原图层上，不便于再次修改或者撤销。

方法2：在"调整"面板里单击"亮度/对比度"图标按钮进行添加，或者单击"图层"面板下方的"创建新的填充或调整图层"按钮，如图2-188所示，选择"亮度/对比度"命令，就可以新建一个亮度/对比度调整图层了。调整图层在原图层的上方单独存在，并不会覆盖原始图层数据，因此可以随时修改调整效果。

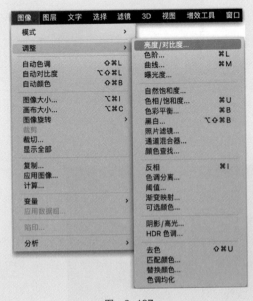

图 2-187   图 2-188

如图 2-189 所示，雪山图片经过提升亮度和对比度后，更加通透，细节更加清晰。

图　2-189

2. 色彩平衡

"色彩平衡"命令可以进行一般性的色彩校正，简单、快捷地调整图像颜色的构成，并混合各色彩，使其达到平衡。

"色彩平衡"命令有以下两种打开方式。

方法 1：选择"图像"→"调整"→"色彩平衡"菜单命令，如图 2-190 所示，然后在弹出的"色彩平衡"对话框中以拖动滑块或输入数字的方式调色即可，这样所做的调整会直接覆盖到原图层上，不便于再次修改或者撤销。

方法 2：在"调整"面板中单击"色彩平衡"图标按钮 进行添加，或者单击"图层"面板下方的"创建新的填充或调整图层"按钮，会弹出如图 2-191 所示的下拉菜单，选择"色彩平衡"命令，就可以新建一个色彩平衡调整图层了。调整图层在原图层的上方单独存在，并不会覆盖原始图层数据，因此可以随时修改调整效果。

色彩平衡

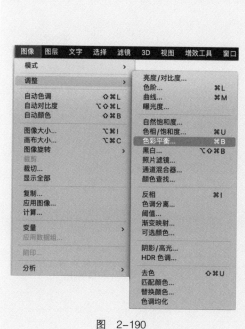

图　2-190　　　　　　　　　　　　图　2-191

如图2-192所示，风景原图偏蓝色冷色调，可以通过调整色彩平衡，移动滑块削减蓝色、增添绿色，再添加红色增加冷暖对比，画面便增添了暖色调，湖水也微微泛绿。

图 2-192

"色彩平衡"命令除了可以添加图像的色彩倾向，还经常用于对图像偏色的矫正。关于图像偏色问题的出现及解决方法，在第6章调色篇中会有相关介绍。

3. 色相/饱和度

"色相/饱和度"命令用于改变图像像素的色相、饱和度和明度，还可以用来为像素定义新的色相和饱和度，实现灰度图像着色，或制作单色调图像效果。

"色相/饱和度"命令有以下两种打开方式。

方法1：选择"图像"→"调整"→"色相/饱和度"菜单命令，如图2-193所示，然后在弹出"色相/饱和度"对话框中以拖动滑块的方式调整亮度值即可。

方法2：在"调整"面板中单击"色相/饱和度"图标按钮 进行添加，或者单击"图层"面板下方的"创建新的填充或调整图层"按钮，如图2-194所示，选择"色相/饱和度"命令，就可以新建一个色相/饱和度调整图层了。调整图层在原图层的上方单独存在，并不会覆盖原始图层数据，因此可以随时修改调整效果。

色相/饱和度

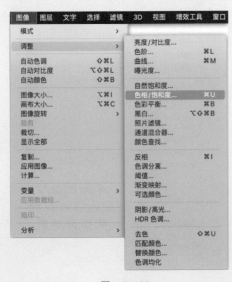

图 2-193

图 2-194

如图 2-195 所示，利用色相 / 饱和度的调整，勾选"着色"复选框，可以给气球上色，使其呈珠光粉色效果。

图　2-195

4. 反相

"反相"命令可以将图像的颜色反转，即变为颜色的补色。利用该命令可以将一张正片黑白图片转换为负片，或者将一张扫描的黑白负片转换为正片。"反相"命令可以单独对层、通道、选取范围或者整个图像进行调整，只要选择"图像"→"调整"→"反相"菜单命令即可（见图 2-196），或者通过调整图层方式添加，如图 2-197 所示。若连续两次选择"反相"命令，则图像会被还原为最初的图像。通过添加调整图层方式添加"反相"效果，前后的图像效果如图 2-198 所示。

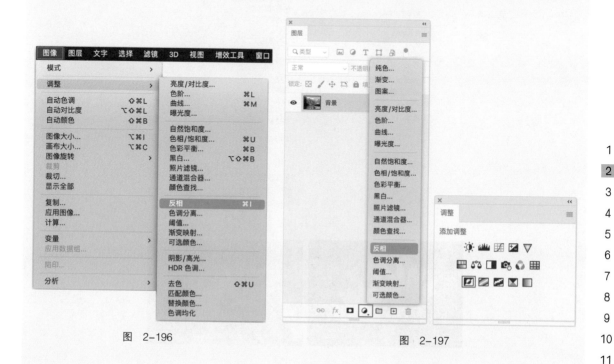

图　2-196　　　　　　　　　　　　　　图　2-197

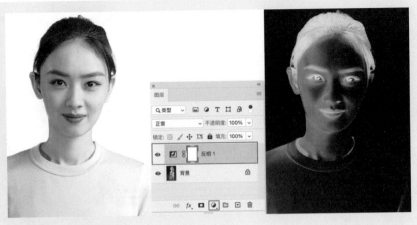

图 2-198

5. 色调均化

"色调均化"命令可以重新分配图像像素的亮度值，使它们更均匀地表现所有的亮度级别。在应用这一命令时，Photoshop会将图像中最暗的像素填充为黑色，将图像中最亮的像素填充为白色，然后将亮度值进行均化，让其他颜色平均分布到所有的色阶上，使图像层次达到最大化。只要执行"图像"→"调整"→"色调均化"菜单命令（见图2-199）即可进行色调均化。图2-200所示为经过"色调均化"处理前后的效果图。

图 2-199

图 2-200

6. 可选颜色

"可选颜色"也是常用的调色命令，可以选择"图像"→"调整"→"可选颜色"菜单命令调色（见图 2-201），也可以通过添加调整图层调色（见图 2-202）。

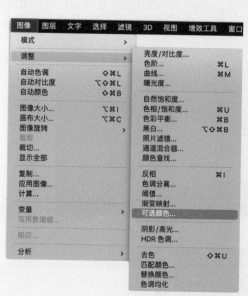

图　2-201

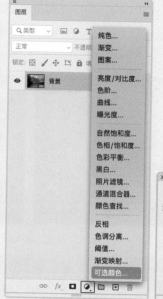

图　2-202

可选颜色是按照 CMYK 颜色模式的混合标准来界定被调整的颜色内容，并控制其颜色走向。如图 2-203 所示，在 Photoshop 的 CMYK 颜色模式中，每个像素的每种印刷油墨会被分配一个百分比值，最亮的颜色分配较低的印刷油墨颜色百分比值，较暗的颜色分配较高的百分比值。例如，明亮的红色可能会包含 2% 青色、93% 品红（洋红）、90% 黄色和 0% 黑色。根据图中 CMYK 中颜色之间的关系，需要清楚以下几点：

① 黄 + 品红 = 红色，黄 + 青 = 绿，青 + 品 = 蓝。

② 红与青互补，绿与品红互补，蓝与黄互补。

③ 加青就是减红，加黄就是减蓝，加品红就是减绿，反之亦然。

可选颜色

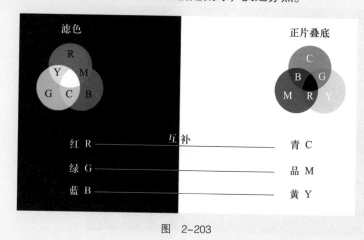

图　2-203

　　根据这个原理，下面来给图2-204所示图片调色。这幅图片拍摄的是秋季落叶缤纷多姿的感觉，想加强黄叶中红色的部分，更凸显秋季红叶的视觉效果，就可以通过"可选颜色"命令来完成。首先给原图添加一个"可选颜色"的调整图层，在"属性"面板中直接选中"红色"，以"相对"模式进行调整，根据CMYK的混合原理，在黄色的部分加重洋红就等于加红，红又与青互补，减青也等于加红，所以通过操作这两个滑块可以预览到图像的变化，如图2-205所示，也可以同时加重黄色的比重。同理，调整"黄色"，使红色部分增加，如图2-206所示。接下来，把绿叶的部分也减弱加黄一些，选中"绿色"，加黄减青和加品红都是减绿色的方式，参数设置如图2-207所示。

图　2-204

图　2-205

图　2-206

100

3　使绿叶减青增黄

图　2-207

7. 阴影 / 高光

　　"阴影 / 高光"命令是一种用于校正由强逆光而形成剪影的照片，或者校正由于太接近相机闪光灯而高光偏白的方法。在常规的图像中，这个调整命令经常被用于让阴影和高光出现更多层次。"阴影 / 高光"命令不是简单地使图像变亮或变暗，它基于阴影或高光中的周围像素（局部相邻像素）增亮或变暗，而且相对其他的亮度调整手段，有更好的层次效果。正因为如此，阴影和高光都有各自的控制选项，默认值设置为修复具有逆光问题的图像。如图 2-208 所示，"阴影 / 高光"命令可通过"图像"→"调整"→"阴影 / 高光"菜单命令调用。

　　如图 2-209 所示，原图中光线过强，导致云彩部分细节丢失严重，应用"阴影 / 高光"命令后，高光部分找回了细节，过暗的阴影部分光线也得到补充，参数调整如图 2-210 所示。这里需要注意以下两点：

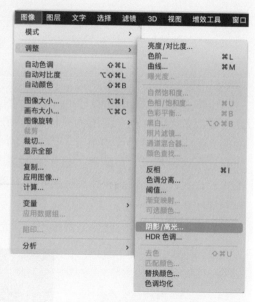

图　2-208

　① "阴影 / 高光"命令不会找回纯白或纯黑区域的细节。

　② "阴影 / 高光"命令只能在菜单中调用，没有调整图层。

图　2-209

101

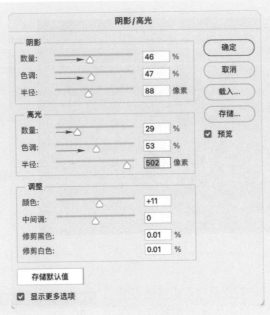

图　2-210

8. HDR Pro

HDR（High-Dynamic Range，高动态范围）是通过拍摄多张曝光不同的照片，再进行后期合成以扩大照片动态范围的一种摄影手法。这种手法可以让同一幅照片中较暗的部分和较亮的部分都保留较高程度的细节。因为人的视觉可及的可见世界中的动态范围（暗区和亮区之间的跨度）远远超过了显示器上显示的图像或打印图像的范围，尽管人眼可以适应差异很大的亮度级别，但大多数相机和计算机显示器只能还原固定的动态范围，因此需要 HDR 技术对图像进行处理。

如图 2-211 所示，是合并两幅不同曝光度的图像来创建包含场景动态范围的 HDR 图像。

具有阴影细节的图像　　　　具有高光细节的图像　　　　包含场景动态范围的HDR图像

图　2-211

　　在 Photoshop 中，选择 "文件" → "自动" → "合并到 HDR Pro" 菜单命令（见图 2-212）可以将同一场景的具有不同曝光度的多个图像合并起来，从而捕获单个 HDR 图像中的全部动态范围。例如图 2-213 所示，将左边文件夹里的 8 幅不同曝光度的照片一并通过 "合并到 HDR Pro" 对话框导入。如图 2-214 所示，设置好各项参数，进行色调的调整，单击 "确定" 按钮，便可得到 HDR 图像。这里需要注意的是，如果图像因为移动的对象（如汽车、人物或树叶）而具有不同的内容，需要选中对话框中的 "移去重影" 复选框。

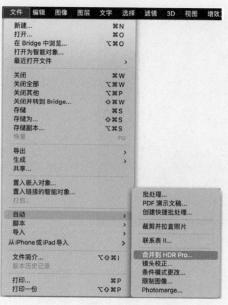

HDR Pro

图　2-212

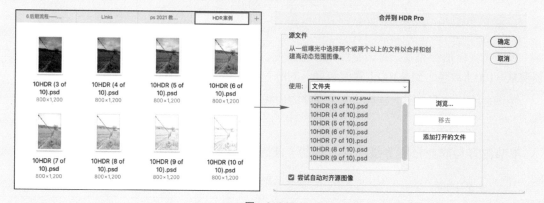

图　2-213

　　属性中需要注意以下参数。

　　局部适应：通过调整图像中的局部亮度区域来调整 HDR 色调。

　　边缘光：半径指定局部亮度区域的大小。强度指定两个像素的色调值相差多大时，它们属于不同的亮度区域。

　　色调和细节："灰度系数" 设置为 1.0 时动态范围最大；较低的设置会加重中间调，而较高的设置会加重高光和阴影。曝光度值反映光圈大小。拖动 "细节" 滑块可以调整锐化程度，拖动 "阴影" 和 "高光" 滑块可以使这些区域变亮或变暗。

图　2-214

颜色："自然饱和度"可调整细微颜色强度，同时尽量不剪切高度饱和的颜色。"饱和度"调整从 -100（单色）到 +100（双饱和度）的所有颜色的强度。

色调曲线：在直方图上显示一条可调整的曲线，显示 HDR 图像中的明亮度值。

本节内容与职业技能等级标准（初级）要求对照关系见表 2-16。

表　2-16

本书章节	对应职业技能等级标准（初级）要求		
	工作领域	工作任务	职业技能要求
2.9.4 常用色彩调整命令	3. 图像增效	3.1 主体突出	3.1.2 能熟练通过调色手段分离主体和背景环境
			3.1.3 能熟练通过重构对比色突出主体
		3.3 影调提升	3.3.2 能熟练控制阴影和高光增加图像的影调层次
			3.3.3 能熟练使用 HDR 增强方式提升图像的影调层次
			3.3.6 能根据需要改变图像的色彩意涵

2.10 路径

本节主要讲解路径工具的使用及路径的应用。路径在 Photoshop 中起着非常重要的作用，不仅可以绘制图形，而且还可以通过转换为选区创建精确的选择区域。路径工具是一种矢量绘图工具，使用其绘制的图形不同于使用其他工具绘制的位图图像，它可以绘制直线路径和光滑的曲线路径。路径工具包括 3 组工具：钢笔类工具、形状工具和路径选择工具。

2.10.1 路径的概念及组成元素

1. 路径的概念

路径是通过绘制得到的点、直线或曲线，对线条进行填充和描边，从而绘制矢量图形。路径还可以比较精确地调整和修改形状，完成一些选择工具无法描绘的复杂选区。路径可以转换为选区，选区也可以转换为路径。路径是矢量线条，清晰度和图像的分辨率无关，可以任意地缩放和变形，并保持清晰的边缘。路径的存储空间较小，并可以在 Illustrator 等矢量软件中打开和编辑。

2. 路径的基本组成元素

要真正理解路径的特征与用法，必须了解一些有关路径的基本组成元素。

路径包含两部分：一部分是锚点，它是路径段间的连接点，可以是平滑过渡的平滑点，也可以是角点；另一部分是锚点间的路径段，可以是直线，也可以是曲线。路径是由许多锚点和路径段连接组合成的，路径的基本组成元素如图 2-215 所示。

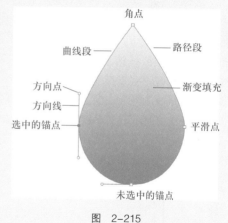

图 2-215

拖动方向点可以改变方向线的长度和方向，而方向线的改变直接影响着路径段的方向和弧度，方向线始终与路径段保持相切关系。路径上任何类型的点被选中时会显示为实心方块，否则为空心方块。锚点按状态可分为平滑点和角点。图 2-216 所示为调整平滑点和角点，当调整平滑点一侧的方向线时，该点另一侧的方向线会同时进行对称运动；而当调整角点的一侧方向线时，则只调整该方向线同一侧的路径段，另一侧的路径段不受影响，也就是说角点两侧伸出的方向线和方向点具有独立性。平滑点可以转换为角点，方法是在绘制或编辑时按住 Alt 键调整平滑点一侧的方向线即可。

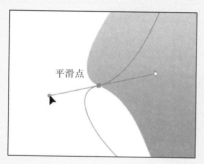
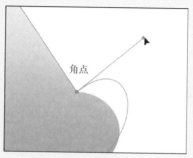

图 2-216

105

2.10.2 路径工具的使用 ▼

1. 钢笔工具

钢笔工具 ∅.是最基本和最常用的路径绘制工具，绘制的图形主要由直的或弯曲的基本形态组成。下面主要以钢笔工具为例讲解路径工具的使用。

2. 绘制直线路径

在工具箱中选择钢笔工具 ∅.，在画布上单击，即可绘制起点，换一个位置再单击确定终点，两点间自动绘制一条直线。当绘制封闭图形时，终点和起点重合，鼠标指针右下方便会出现一个小圆圈，表示封闭路径，如图 2-217所示。

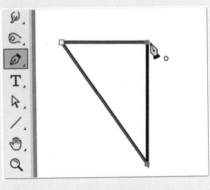

图 2-217

如果只需要一条直线，可以直接使用直线工具 ∕.绘制。

3. 绘制曲线路径

选择钢笔工具 ∅.，将鼠标放在曲线开始的位置，与绘制直线不同的是需要按住鼠标左键并轻微拖动，则第一个节点和方向线便会出现。将鼠标置于第二个节点的位置，按住鼠标左键沿着需要的曲线方向拖动。拖动时，笔尖会拉出两条方向线，方向线的长度和角度决定了曲线段的形状。如果需要控制曲线的单侧方向，在绘制完成曲线的某一节点后释放鼠标，按住 Alt 键单击方向点并拖动，此时不会影响另一侧的方向线。依次将鼠标移动到下一条线段需要的位置后进行拖动，最终完成路径的绘制。钢笔工具、自由钢笔工具、弯度钢笔工具和椭圆工具都可以绘制曲线路径，如图 2-218 所示。此外，还可以通过添加锚点工具 ∅.（在已有路径上单击）、删除锚点工具 ∅.（在已有锚点上单击）和转换点工具 ⊦.（在锚点上单击）对曲线的局部进行再编辑和修改，如图 2-219和图 2-220 所示。

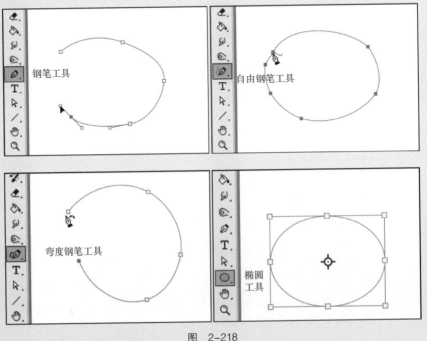

图 2-218

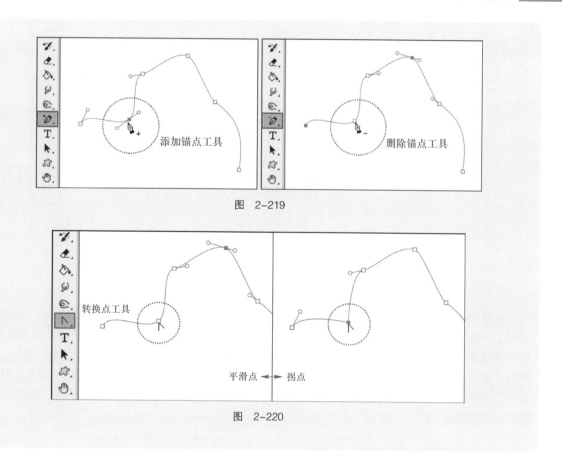

图　2-219

图　2-220

本节内容与职业技能等级标准（初级）要求对照关系见表 2-17。

表　2-17

本书章节	对应职业技能等级标准（初级）要求		
	工作领域	工作任务	职业技能要求
2.10.2 路径工具的使用	3. 图像增效	3.6 文字设计	3.6.4 能熟练绘制基本图形

2.10.3　路径和选区的转换 ▽

1. 将路径转换成选区

通过"路径"面板可以将一个闭合路径转换为选区，这样就可以通过路径工具制作出许多复杂的选区形状。在完成路径绘制后，按住 Ctrl 键单击"路径"面板中的路径缩览图，也可以单击面板下方的"将路径作为选区载入"按钮，此时该闭合路径会转换为选区。若要对选取范围进行比较精确地控制，则可以选择"路径"面板菜单中的"建立选区"命令，在弹出的"建立选区"对话框中进行设置。转换为选区的前后效果如图 2-221 所示。

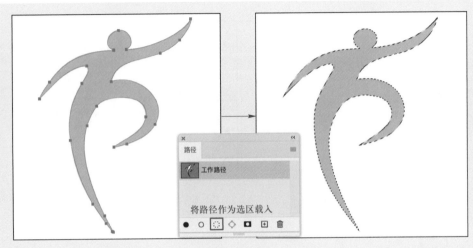

图 2-221

2. 将选区转换成路径

要将一个选区范围转换成路径，可以单击"路径"面板中的"从选区生成工作路径"按钮，此时会以默认的设置将该选区范围转换为路径。若要修改设置，当建立选区后，按住 Alt 键单击"路径"面板底部的"从选区生成工作路径"按钮，或选择面板菜单中的"建立工作路径"命令，会弹出"建立工作路径"对话框，在此可控制转换后的路径平滑度，范围是 0.2 ~ 10.0 像素，值越大所产生的锚点越少，线条越平滑。设置完成后，单击"确定"按钮，即可将选区转为路径，如图 2-222 所示。

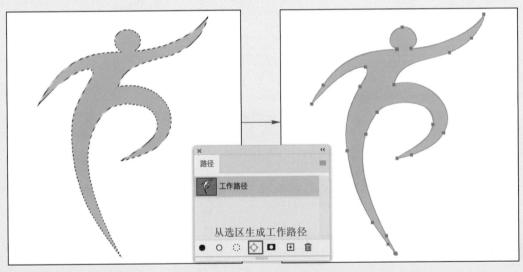

图 2-222

3. 保存路径

需要特别注意的是，"工作路径"里显现的都是临时路径，在下次绘制时会被覆盖掉。每一次路径绘制结束的标志是单击"路径"面板的空白处，或者按 Enter 键。因此，得到临时路径之后，如果需要保存下来，可对其重新命名，即可将其从"临时路径"保存在一个固定的路径层里。再次绘制时，会生成新的工作路径，不会对原有路径产生影响，如图 2-223 所示。

图 2-223

2.10.4 填充和描边路径

1. 填充路径

"填充路径"命令可以使用指定的颜色、图像的状态、图案或填充图层填充包含像素的路径。在"路径"面板中选中要填充的路径，然后单击面板底部的"用前景色填充路径"按钮，或从面板菜单中选择"填充路径"命令即可进行路径填充。填充路径前后效果如图 2-224 所示。

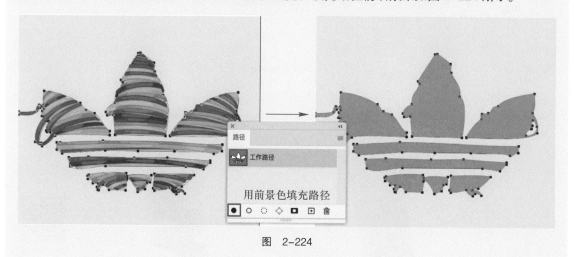

图 2-224

2. 描边路径

路径可以使用各种颜色的画笔进行描边，并且可以选择描边的绘图工具。选中画笔工具，设置颗粒化的笔刷，选择要描边的路径，单击"路径"面板底部的"用画笔描边路径"按钮，便会以默认方式进行描边。如果想对描边进行设置，可选择面板菜单中的"描边路径"命令，弹出"描边路径"对话框，在此对话框中选择一种描绘工具即可用前景色对其描边。描边路径前后效果及"描边路径"对话框如图 2-225 所示。

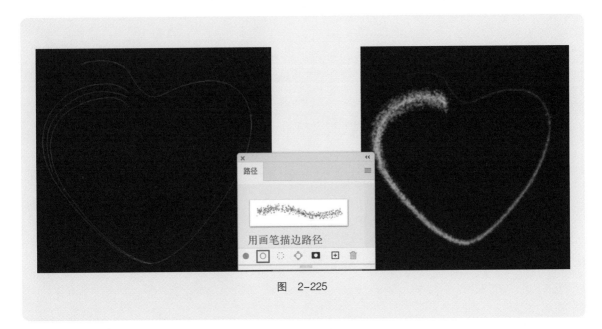

图 2-225

2.10.5 案例——被剥离的拳头 ▼

【案例——被剥离的拳头】

素材："智慧职教"平台本课程中的"Chapter2\拳头.jpg"素材文件。

目标：练习使用钢笔绘制等工具等实现路径功能，对拍摄的拳头素材进行艺术再创作，如图2-226所示。

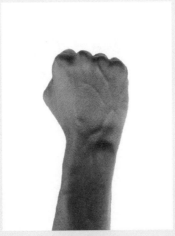 

图 2-226

案例——被
剥离的拳头

具体操作步骤请扫描二维码查看。

案例步骤

2.11　文字与段落

Photoshop 中的文字、字母、数字和符号都是由基于矢量的文字轮廓和填充组成的。文字矢量图形的关键，是允许用户对它们通过矢量的方式进行编辑和修改；此外，文字图形也可以转换为位图，转换后所有对于像素的操作都能施加于其上。本节将重点学习如何创建、编辑文字以及完成基本的图文混排。

2.11.1　创建与编辑文字 ▼

在 Photoshop 工具栏中，有横排文字工具（横向）和直排文字（纵向）工具，单击文字工具按钮 **T**，鼠标指针会变成输入文字的光标样式。在创建文字时，"图层"面板中会添加一个新的文字图层，如图 2-227 所示。在上方的属性栏中可以对文字的参数进行基本的设定，包括字体、字号、颜色、粗细、平滑度、对齐方式等。

在 Photoshop 中选择"窗口"→"字符"菜单命令，打开"字符"面板，如图 2-228 所示，其中列出了常用的字符调整参数。如图 2-229 所示，打开"窗口"→"字形"面板，包括标点、上标和下标字符、货币符号、数字、特殊字符以及其他语言的字形，双击所需的符号即可插入。此外，字形还可以由字体所支持的 OpenType 功能进行组织，例如替代字、装饰字、花饰字、分子字、分母字、风格组合、定宽数字以及序数字等。新版本的 Photoshop 还支持在字形中包含多种颜色和渐变的 OpenType SVG 字体，并且随附了 Trajan Color Concept 和 EmojiOne 字体，如图 2-230 所示。

文字与段落

图　2-227

1
2
3
4
5
6
7
8
9
10
11

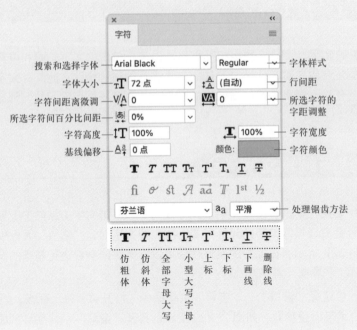

搜索和选择字体 — Arial Black ／ Regular — 字体样式
字体大小 — 72 点 ／ (自动) — 行间距
字符间距离微调 — 0 ／ 0 — 所选字符的字距调整
所选字符间百分比间距 — 0%
字符高度 — 100% ／ 100% — 字符宽度
基线偏移 — 0 点 ／ 颜色: — 字符颜色

芬兰语 ／ 平滑 — 处理锯齿方法

仿粗体　仿斜体　全部字母大写　小型大写字母　上标　下标　下画线　删除线

图 2-228

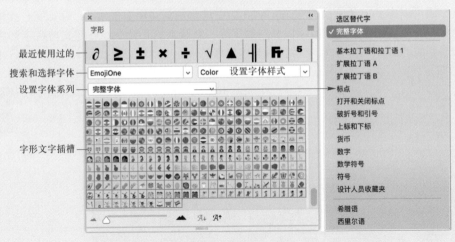

最近使用过的 —
搜索和选择字体 — EmojiOne ／ Color 设置字体样式
设置字体系列 — 完整字体

字形文字插槽 —

选区替代字
✓ 完整字体

基本拉丁语和拉丁语1
扩展拉丁语 A
扩展拉丁语 B
标点
打开和关闭标点
破折号和引号
上标和下标
货币
数字
数学符号
符号
设计人员收藏夹

希腊语
西里尔语

图 2-229

图 2-230

112

本节内容与职业技能等级标准（初级）要求对照关系见表2-18。

表 2-18

本书章节	对应职业技能等级标准（初级）要求		
	工作领域	工作任务	职业技能要求
2.11.1 创建与编辑文字	3. 图像增效	3.6 文字设计	3.6.1 能熟练创建文字
			3.6.2 能熟练编辑文字

2.11.2　段落与排版方式

在 Photoshop 里输入段落文字的方法是单击文本工具按钮 T，在需要输入段落文字的区域，用鼠标拖曳出文字输入区域，然后输入文字，其会保存在系统自动新建的文字图层里。段落文字调整涉及的面板主要有"字符"面板和"段落"面板，如图 2-231 所示，先在"字符"面板里设置具体文字的字体、颜色、字号、行间距等属性，然后在"段落"面板里设置段落的对齐方式、首行末行缩进、标点所占间隙比例等属性。"段落"面板里涉及的可调参数如图 2-232 所示。

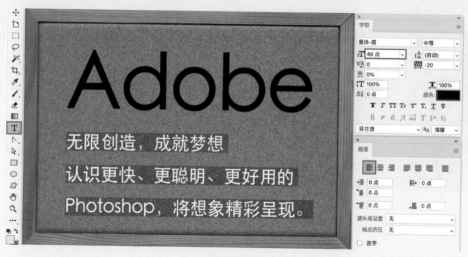

图　2-231

例如，制作日常所见的公交站牌，上方起始站点的文字部分就需要用到"字符"面板，主要确定对应的字体、字号、颜色，除此之外，还需要通过调整字符间距，使上下中英文两端对齐，并使用调整两行之间的行间距，同时根据版面整体设计感觉，适当微调粗细、字符宽高比等，如图 2-233 所示。在公交站牌下方的站点汇总部分，是一个文字段落，这里需要用到直排文字工具 IT 输入，在"字符"面板里确定字体、字号、字间距、行间距等效果，在"段落"面板里调整段落的对齐方式为顶端对齐，如图 2-234 所示。

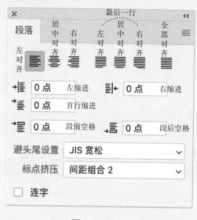

图　2-232

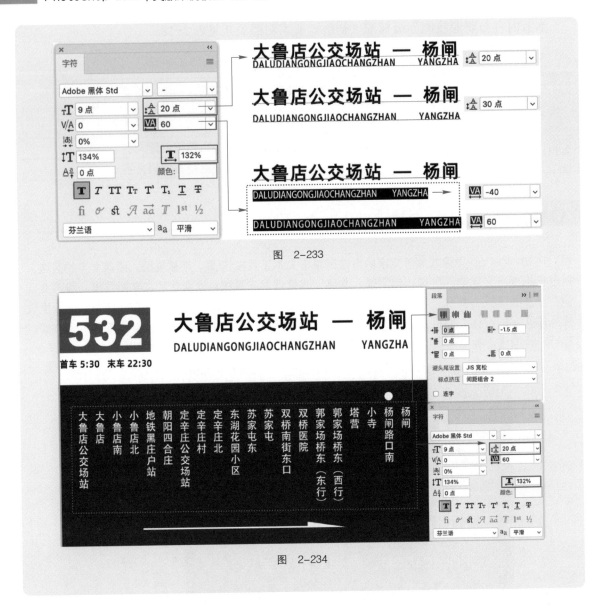

图 2-233

图 2-234

本节内容与职业技能等级标准（初级）要求对照关系见表 2-19。

表 2-19

本书章节	对应职业技能等级标准（初级）要求		
	工作领域	工作任务	职业技能要求
2.11.2 段落与排版方式	3. 图像增效	3.6 文字设计	3.6.3 能熟练对文字进行基础排版

2.11.3 文字效果

1. 路径文字

除了输入横排和直排文字，还可以输入路径文字，即文字沿绘制的路径分布。路径文字经常用在纪念币、奖牌和徽章的设计制作上。如图 2-235 所示为一个镀金奖牌基底，需要在上面添加相关文字说明。具体方法如下：首先选择钢笔工具 ，在画布合适的位置上，沿内圆的外轮廓走向绘制一条半圆的曲线路径；然后选择文字工具 T，移动鼠标接近路径，待鼠标指针变为插入点图标时，单击并输入文字，可看到文字自动以路径为基线排列。横排文字会沿着路径显示，与基线垂直；直排文字会沿着路径显示，与基线平行。

【案例——奖牌文字】

素材："智慧职教"平台本课程中的"Chapter2\奖牌.jpg"素材文件。

目标：练习使用路径文字功能，为圆形奖牌添加沿弧线分布排列的文字，如图 2-236 所示。

图 2-235

图 2-236

具体操作步骤请扫描二维码查看。

案例——奖牌文字   案例步骤

2. 文字变形

在 Photoshop 里可对文字添加"变形"效果。首先选择文字图层，再选择文字工具，并单击属性栏右侧的"变形"按钮 ，在弹出的如图 2-237 所示"变形文字"对话框中进行设置。选择"旗帜"样式，也可尝试扇形、鱼眼等其他样式效果；选择变形效果的方向为"水平"或"垂直"；如果需要，可指定其他变形效果："弯曲"选项用于设置对图层应用变形的程度；"水平扭曲"或"垂直扭曲"选项用于对变形设置透视。

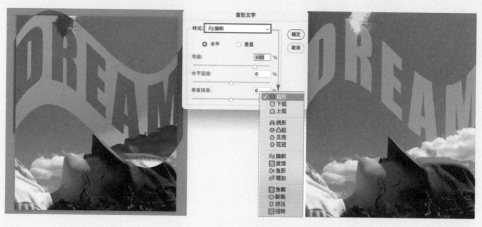

图 2-237

1
2
3
4
5
6
7
8
9
10
11

3. 文字蒙版

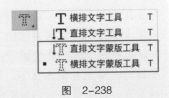

图 2-238

在文字工具组中还有两个文字蒙版工具，如图 2-238 所示。在使用横排文字蒙版工具或直排文字蒙版工具时，会创建一个文字形状的选区。文字选区可以像任何其他选区一样进行移动、复制、填充或描边。

【案例——CITY 文字蒙版】

素材："智慧职教"平台本课程中的"Chapter2\城市风景 1.jpg"和"城市风景 2.jpg"素材文件。

目标：练习使用文字蒙版功能，使文字显现图像内容，如图 2-239 所示。

图 2-239

案例——CITY
文字蒙版

案例步骤

具体操作步骤请扫描二维码查看。

此外，如图 2-240 所示，文字图层还可以被"栅格化"成为普通的位图图层，则对于位图图层可以应用的很多效果也同样可以用到文字效果上，这极大地扩展了文字设计的空间。

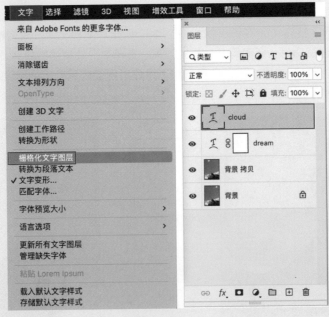

图 2-240

本节内容与职业技能等级标准（初级）要求对照关系见表 2-20。

表　2-20

本书章节	对应职业技能等级标准（初级）要求		
	工作领域	工作任务	职业技能要求
2.11.3 文字效果	3. 图像增效	3.6 文字设计	3.6.5 能熟练创建基于基本图形的文字效果

2.12　滤镜

　　滤镜是 Photoshop 里的"魔法师"，它们可以清除和修饰照片，能够提供素描或印象派绘画风格的特殊艺术效果，还可以通过扭曲和光照效果创建独特的变换。Photoshop 提供的滤镜可以在菜单栏的"滤镜"菜单中找到，如图 2-241 所示。图 2-242 所示是风格化、画笔描边、扭曲、素描、纹理和艺术效果这几类滤镜集合在一起的滤镜库工作区，每种滤镜效果添加后会有对应的调节参数，并且几种滤镜效果可以叠加使用，读者可自行尝试。另外，还可以导入第三方提供的滤镜插件，作为增效工具使用。本节主要讲解常用滤镜的使用方法。

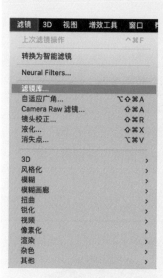

图　2-241

图　2-242

2.12.1　智能滤镜

　　所谓智能滤镜，与智能对象的概念相关联，即应用于智能对象的任何滤镜都是智能滤镜。智能对象是为了实现非破坏性编辑而出现的，故智能滤镜也是非破坏性的，它将出现在"图层"面板中应用这些智能滤镜的智能对象图层的下方，可以显示或隐藏，并直接设置在智能图层中。

如图 2-243 所示，Adobe 图层是一个智能对象图层，从菜单栏中的"滤镜"菜单下找到风格化滤镜组，先后添加"凸出"和"浮雕效果"两个滤镜。在"图层"面板中，它们是以"智能滤镜"的方式出现的，可以通过单击眼睛图标控制其显示或隐藏，编辑和修改起来非常方便。

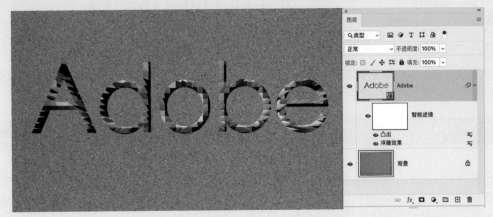

图　2-243

本节内容与职业技能等级标准（初级）要求对照关系见表 2-21。

表　2-21

本书章节	对应职业技能等级标准（初级）要求		
	工作领域	工作任务	职业技能要求
2.12.1 智能滤镜	3. 图像增效	3.5 特效处理	3.5.1 能熟练通过滤镜组合生成材质纹理
			3.5.2 能熟练通过滤镜组合转换图像风格
			3.5.4 能熟练使用智能滤镜提高编辑效率

2.12.2　液化 ▼

"液化"滤镜用于营造视觉上对图像整体或局部进行推、拉、旋转、反射、折叠和膨胀的效果。这种扭曲可以很细微，也可以很剧烈，所以"液化"滤镜也成为 Photoshop 中修饰图像和创建艺术效果的最强大工具之一。图 2-244 所示为一个钟表的图片，直接对这个钟表执行"滤镜"→"液化"菜单命令，调出液化工作区，如图 2-245 所示。工作区左侧工具栏中汇集了多个变形工具，尝试使用第一个向前变形工具 ，把画笔大小调大，在钟表边缘向内或向外推拉，可得到变形的钟表效果。

图　2-244

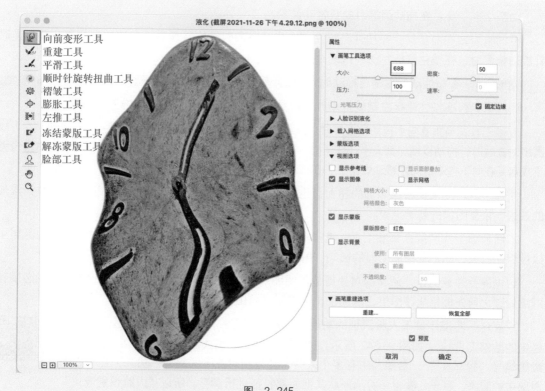

图　2-245

以卡通头像为例，液化工具栏中主要有以下几种直接变形效果（见图 2-246），可以直观地对比几种工具施加液化效果的差异。

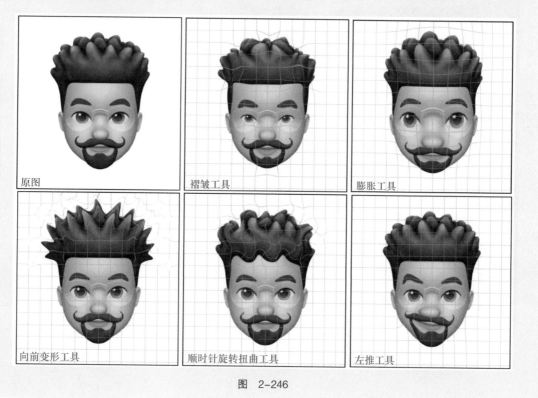

图　2-246

向前变形工具：在拖动画笔时向前推动像素。

顺时针旋转扭曲工具：在按住鼠标左键或拖动时顺时针旋转像素，营造漩涡效果。需要逆时针旋转像素时，在按住鼠标左键或拖动时按住 Alt 键（PC）或 Option 键（Mac）。

褶皱工具：在按住鼠标左键或拖动时，使像素朝着画笔区域的中心移动，有中心引力场的感觉。

膨胀工具：在按住鼠标左键或拖动时，使像素朝着离开画笔区域中心的方向移动。

左推工具：当垂直向上拖动该工具时，像素向左移动（如果向下拖动，像素会向右移动）。可以围绕对象顺时针拖动以增加其大小，或逆时针拖动以减小其大小。若要在垂直向上拖动时向右推像素（或者要在向下拖动时向左移动像素），在拖动时按住 Alt 键（PC）或 Option 键（Mac OS）。

重建工具：用来反转已添加的扭曲，也可以单击工作区右下方"恢复全部"按钮来撤销添加的效果，恢复图像的初始原貌。

冻结蒙版工具和解冻蒙版工具：选择冻结蒙版工具，可用画笔在画面上绘制，绘制的区域可以被保护起来，即不受扭曲变形的影响。解冻蒙版工具可以将冻结的区域解冻。

这里需要注意的是，液化的对象得是位图图层，如果选中了文字图层或形状图层，则必须在继续处理之前先栅格化该图层，从而使文字或形状可由液化滤镜编辑。

"液化"滤镜还具备人脸识别的功能。打开一幅照片，单击液化工作区左侧工具栏中的脸部工具 ，如图 2-247 所示，软件可自动识别出人脸，在右侧的"属性"面板里编号"脸部 #1"，若照片中有多个人脸，会分别对应不同编号。另外，还可以对面部中的眼睛、鼻子、嘴唇和脸部形状其他面部特征进行调整，所以"人脸识别液化"能够有效地修饰肖像照片、制作漫画或其他效果。

液化

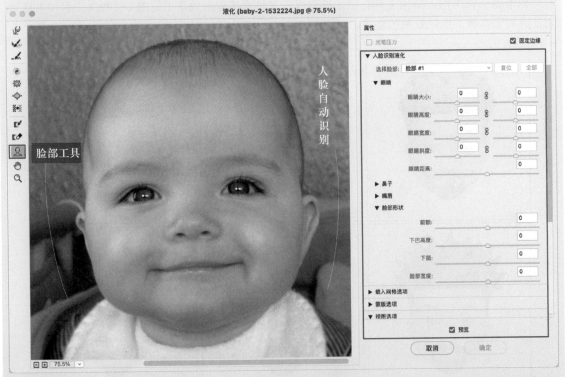

图 2-247

（1）调整脸部形状

将鼠标悬停在脸部时，Photoshop 会在脸部周围显示直观的屏幕控件，如图 2-248 所示。控件的样子很像路径，上面有些许关键点，每一个控件关键点对应一个面部的具体调整参数，比如将鼠标靠近最上面的"前额高度"关键点时，鼠标指针会变成↕形状，按住鼠标左键向上或向下拖动可以微调发际线的高度。分别调整每一个控件，可对脸部轮廓做出调整，也可以在"属性"面板中通过左右移动滑块的方式做同样的调整，效果如图 2-249 所示。

（2）调整眼睛

将鼠标悬停在眼睛部位时，便会在眼睛周围显示调整控件，如图 2-250 所示。当鼠标指针变为✛形状时，按住鼠标左键可以移动眼睛位置；同理，按住鼠标左键调整眼睛周围的关键点控件，依次调节眼睛斜度、大小，效果如图 2-251 所示。

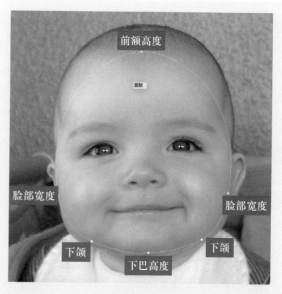

图　2-248

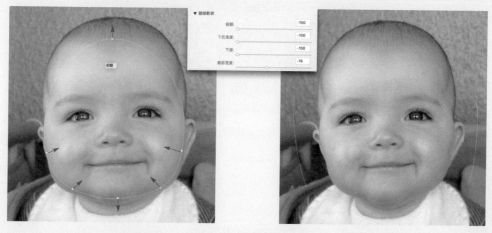

图　2-249

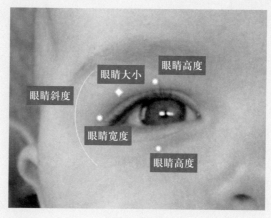

图　2-250

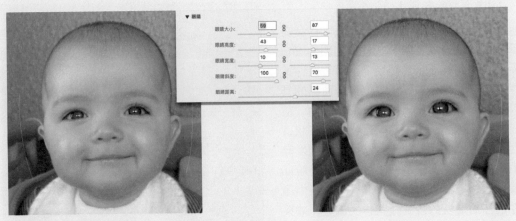

图 2-251

（3）调整嘴唇

将鼠标悬停在嘴唇部位时，嘴唇周围会显示调整控件，如图 2-252 所示。参照上面的步骤，调整嘴唇的形态。这里需要注意的是，嘴唇宽度与微笑弧度要配合进行微调。嘴唇调整的效果如图 2-253 所示。

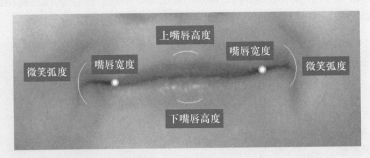

图 2-252

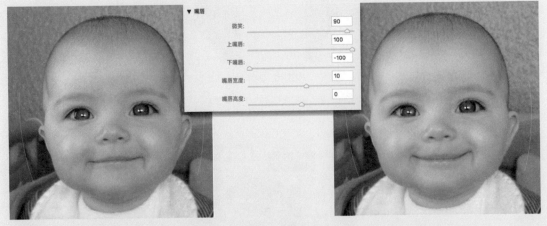

图 2-253

（4）调整鼻子

将鼠标悬停在鼻子部位时，鼻子会显示一条直线调整控件，如图 2-254 所示。参照上面的步骤，将鼻子宽度变小，高度微微下移，效果如图 2-255 所示。

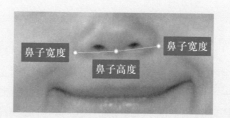

图　2-254

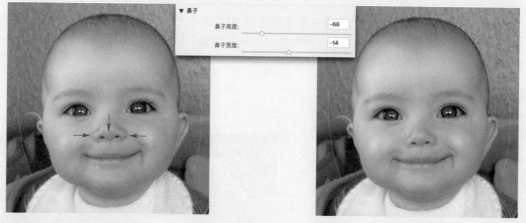

图　2-255

整体调整效果如图 2-256 所示，如果感觉效果满意，单击"确定"按钮即可。

图　2-256

本节内容与职业技能等级标准（初级）要求对照关系见表 2-22。

表　2-22

本书章节	对应职业技能等级标准（初级）要求		
	工作领域	工作任务	职业技能要求
2.12.2 液化	2. 图像修饰	2.4 结构调整	2.4.2 能熟练对人体结构和体态进行美化

2.12.3 模糊 ▼

Photoshop 菜单栏中的"滤镜"下拉菜单中有"模糊"和"模糊画廊"两组模糊类滤镜（见图 2-257）。"模糊画廊"组不同于"模糊"组的是，其每个模糊工具都提供直观的图像控件来应用和控制模糊效果，或者说，"模糊画廊"更多服务于摄影和模糊相关的创意。完成模糊调整后，可以使用散景控件设置整体模糊效果。"模糊画廊"组中的摄影模糊效果支持智能对象，并且可以非破坏性地应用为智能滤镜。本书重点讲解常用滤镜的操作方法。

1. 高斯模糊

"高斯模糊"滤镜是"模糊"组滤镜中最常用的，它能给画面添加低频细节，产生一种朦胧效果。图 2-258 所示为一幅清晰的沙漏照片，对它添加"高斯模糊"路径，并设置好合适的半径值，图像呈现时间流逝的朦胧感觉，如图 2-259 所示。

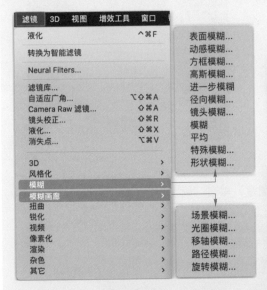

图 2-257

图 2-258

图 2-259

2. 动感模糊

"动感模糊"滤镜的效果类似于以固定的曝光时间给一个移动的对象拍照。例如图 2-260 所示的赛车照片,如果想表现赛车的速度很快,可把赛车的背景选择出来,对其添加"动感模糊"滤镜,调整模糊的角度和距离,赛车便通过运动中背景模糊的动感来体现速度感,如图 2-261 所示。

图　2-260

图　2-261

3. 光圈模糊

"光圈模糊"滤镜对图片模拟浅景深效果,而不管使用的是什么相机或镜头。可以定义多个焦点,这是使用传统相机技术几乎不可能实现的效果。如图 2-262 所示,如果要突出照片中消防员这个主体,为图片添加"光圈模糊"滤镜方法是为消防员添加一个"模糊图钉",以图钉为中心点,向外依次为锐化区域、渐隐区域和模糊区域,可以通过调整关键点来控制每个区域辐射的范围大小,如图 2-263 所示。

图　2-262

图　2-263

4. 路径模糊

　　动感模糊只能添加直线走向的模糊效果，而使用路径模糊效果，可以沿路径创建运动模糊，还可以控制形状和模糊量。为图 2-264 所示照片添加路径模糊，需要先复制背景层，然后直接对图层添加"路径模糊"，打开模糊画廊工作区，如图 2-265 所示。沿管道添加半圆弧的路径，然后设置模糊参数，单击"确定"按钮。最后给图层添加蒙版，遮盖中间的人物，露出下层清晰的轮廓，为画面增加视觉焦点，如图 2-266 所示。

路径模糊

图　2-264

图　2-265

图　2-266

5. 镜头模糊

"镜头模糊"滤镜使用深度映射来确定像素在图像中的模糊程度，作用是向图像中添加模糊以产生更窄的景深效果，以便使图像中的一些对象在焦点内，而使另一些区域变模糊。

对如图 2-267 所示照片添加镜头模糊的效果，在"镜头模糊"面板中可以设置深度映射源，即调用事先做好的 Alpha 通道，其中黑色代表更大的模糊，白色代表更小的模糊，如图 2-268 所示。

镜头模糊

图　2-267

具有深度映射信息的通道

图　2-268

6. 旋转模糊

使用旋转模糊效果，可以在图像中添加一个或更多个模糊图钉来旋转和模糊图像的局部。旋转模糊也可以认为是升级版的径向模糊。图 2-269 所示为一幅多圈彩虹色风车照片，通过对最小圈添加模糊图钉来实现旋转模糊的动态效果，所需调整参数及效果如图 2-270 所示。

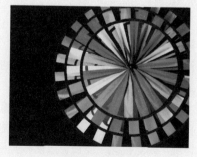

图　2-269

1
2
3
4
5
6
7
8
9
10
11

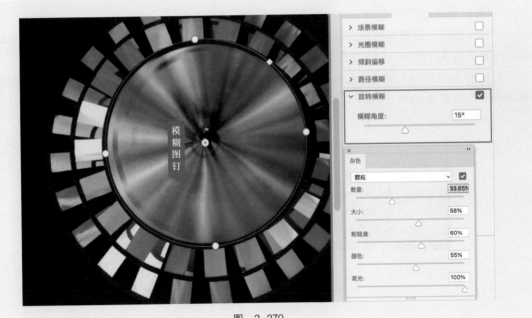

图 2-270

本节内容与职业技能等级标准（初级）要求对照关系见表 2-23。

表 2-23

本书章节	对应职业技能等级标准（初级）要求		
	工作领域	工作任务	职业技能要求
2.12.3 模糊	3. 图像增效	3.1 主体突出	3.1.4 能熟练通过特效手段聚焦主体

2.12.4 锐化 ▼

从视觉感受和心理学意义上来讲，清晰和模糊是两种不同的视觉体验。在摄影视觉语言中，焦点控制的"实"与景深控制的"虚"是相互对应的，二者表现了空间的关系。人们常通过锐化和虚化来加强和营造这种关系。视觉上的锐化是为了使图像的边缘、轮廓线以及图像的细节和纹理变得清晰，质感得到提升。

如图 2-271 所示，在这张男性肖像照片中，人物皮肤的粗糙感以及头发和粉的质感都需要通过锐化来加强，所以男性的、阳刚的照片适合做全局的锐化。而女性的、柔美的照片要有选择地进行局部锐化，如在图 2-272 所示的这张女性肖像照片中，头发是需要锐化的部分，皮肤则是需要柔化处理的。

在 Photoshop 的菜单栏中，"滤镜"下拉菜单中的"锐化"滤镜组包括防抖、进一步锐化、锐化、锐化边缘、智能锐化和 USM 锐化，如图 2-273 所示。在锐化图像时，一般使用"USM 锐化"滤镜或"智能锐化"滤镜，以便根据图像要求设置锐化的程度。尽管 Photoshop 还有"锐化""锐化边缘"和"进一步锐化"滤镜选项，但是这些滤镜是自动的，不提供控制和选项，一般不建议使用。

图 2-271

图 2-272

图 2-273

以图 2-274 为例，动物照片的背景是虚化的，如果做全局锐化，那么对焦点对象外的背景没有任何意义，反而会出现大量的噪点，对画质造成损失。多数情况下，只需要让画面中对象的毛发清晰就可以了，即在锐化的同时，背景无须改变。因此，在做锐化时一定要配合蒙版，蒙版直接决定了锐化施加在什么地方，其意义就在于有选择地进行局部锐化。

图 2-274

下面通过一个案例来介绍商业中常用的 Lab 锐化法，即利用 Lab 通道进行锐化。该方法的优点是，所有锐化的操作都在 L 明度层，也就是在黑白关系上进行，避免了锐化过程对画面中颜色的影响（对颜色锐化会使得图像局部区域色彩的对比度增加，导致纯色溢出，产生噪点和晕影），且锐化后的画面整体不花、细节清晰、质感强烈、层次分明，能达到精细化锐化的目的。

【案例——Lab 锐化法】

素材："智慧职教"平台本课程中的"Chapter2\锐化模特 .jpg"素材文件。

目标：练习使用 Lab 锐化方法来实现人物图像的锐化，如图 2-275 所示。

案例——Lab
锐化法

案例步骤

图　2-275

具体操作步骤请扫描二维码查看。

总之，锐化适合加强毛发、皮革、布面、石材、树皮等细节丰富物体的质感，不适合表现表面光滑的对象。锐化一定要适度，它不是万能的，过度使用锐化很容易使对象不真实。

本节内容与职业技能等级标准（初级）要求对照关系见表 2-24。

表　2-24

本书章节	对应职业技能等级标准（初级）要求		
	工作领域	工作任务	职业技能要求
2.12.4 锐化	3. 图像增效	3.2 细节提升	3.2.3 能熟练通过多种手段进行锐化处理
			3.2.4 能熟练通过控制局部反差的方式提升质感

2.12.5　杂色 ▼

在 Photoshop 的菜单栏中，"滤镜"下拉菜单中的"杂色"滤镜组包括减少杂色、蒙尘与划痕、去斑、添加杂色和中间值，如图 2-276 所示。"杂色"滤镜可以在图像中添加或移去杂色，如"添加杂色"和"减少杂色"，也可创建与众不同的纹理或移去有问题的区域，如"蒙尘与划痕"。

以"添加杂色"滤镜为例（见图 2-277），可以为图像添加随机噪点像素，以模拟胶片拍照的效果。杂色分布包括"平均分布"和"高斯分布"选项，效果有些许不同，可以根据项目需要直观选择。勾选"单色"复选框，此滤镜仅添加纯色噪点，效果如图 2-278 所示。

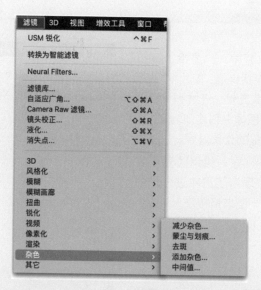

图　2-276

图　2-277

图　2-278

2.12.6　渲染 ▽

在 Photoshop 的菜单栏中，"滤镜"下拉菜单中的"渲染"滤镜组包括火焰、图片框、树、分层云彩、光照效果、镜头光晕、纤维和云彩，如图 2-279 所示，可以在图像中创建 3D 形状、云彩图案、折射图案和模拟的光反射等。

以"火焰"滤镜为例，在一组消防安全宣传的照片中，有一幅要表现消防员冲进火场的场景，需要在地面上添加一些火焰特效。

【案例——消防火焰】

素材："智慧职教"平台本课程中的"Chapter2\消防员.jpg"素材文件。

目标：练习使用火焰滤镜在图片场景中添加真实感火焰，如图 2-280 所示。

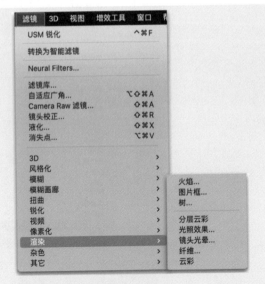

图　2-279

图　2-280

案例——消防火焰

案例步骤

具体操作步骤请扫描二维码查看。

本节内容与职业技能等级标准（初级）要求对照关系见表 2-25。

表　2-25

本书章节	对应职业技能等级标准（初级）要求		
	工作领域	工作任务	职业技能要求
2.12.6 渲染	3. 图像增效	3.5 特效处理	3.5.3 能熟练通过滤镜组合创建自然仿真物

2.13　课后练习

一、选择题（共8题），请扫描二维码进入即测即评。

2.13 课后练习

1. 数字照片图像最基本的组成单元是（　　　）。

A. 节点　　　　　B. 对象　　　　　C. 像素　　　　　D. 路径

2. 图像的颜色模式中包含颜色范围最广的颜色模式是（　　　）。

A. RGB　　　　　B. HSB　　　　　C. Lab　　　　　D. CMYK

3. Alpha通道最主要的用途是（　　　）。

A. 保存图像分辨率信息　　　　　B. 保存图像颜色信息

C. 保存路径　　　　　D. 保存选区

4. 两个临近的图层之间创建剪贴蒙版后，下列说法错误的是（　　　）。

A. 下层为蒙版图层　　　　　B. 上层为显示图层

C. 被剪贴掉的图像部分无法被恢复　　　　　D. 被剪贴掉的图像部分可以被恢复

5. 如图2-281所示，上方为原图和曲线调整对话框的设置，下方A、B、C、D这4个图中，（　　　）是原图调整后的结果。

A. A　　　　　B. B　　　　　C. C　　　　　D. D

图　2-281

6. 如图2-282所示，左图为原图，右图为增加（　　　）滤镜后的效果。

A. 旋转扭曲　　　　　B. 波纹扭曲

C. 极坐标　　　　　D. 径向模糊

7. 如图2-283所示，左图为原图，由于逆光暗部细节缺失。使用（　　　）调色命令可以只调整暗部，完成从左图到右图的调整效果。

A. 阴影/高光　　　　　B. 色相饱和度

C. 亮度/对比度　　　　　D. 通道混合器

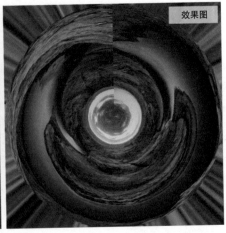

图 2-282

图 2-283

8. Photoshop 提供了多种蒙版功能，图 2-284 中使用（ ）调节了选区的细节。

A. 选择并遮住　　　　B. 矢量蒙版　　　　C. 快速蒙版　　　　D. 图层蒙版

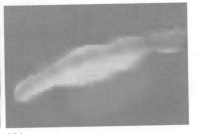

图 2-284

二、判断题（共 3 题）

1. 选区和路径都必须是封闭的。　　　　　　　　　　　　　　　　　　（　　）

2. 在调色时，色阶命令只能够调整图像的明暗变化，而不能调整图像的色彩。（　　）

3. 如图 2-285 所示，图层蒙版经常用于抠像合成。在图层蒙版中，白色表示可显示区域，黑色表示不显示区域。　　　　　　　　　　　　　　　　　　　　　　　（　　）

三、简答题

1. 请列举使用智能对象的优点。

2. 数字图像作品在高品质打印输出前，需要进行哪些设置工作？

图 2-285

3. 简述哪些调色命令可以增加图像的对比度。

方法篇

Chapter 3

修瑕

　　现实场景中很少能拍到完美无瑕的图像，所以修瑕是数字图像处理环节中重要且不可缺少的环节。在 Photoshop 中，提供了多种瑕疵处理的方式，这些方式也具有各自适合的应用场景。在本章中，将针对每一类图像瑕疵问题，提供相应的操作手段。在操作练习时，要注意不同工具在使用时产生的不同效果。

<table>
<tr><td rowspan="2">学习要求</td><td rowspan="2">知识技能点</td><td colspan="4">学习目标</td></tr>
<tr><td>了解</td><td>掌握</td><td>熟练</td><td>运用</td></tr>
<tr><td></td><td>使用融合方式修瑕</td><td></td><td></td><td></td><td>🚩</td></tr>
<tr><td></td><td>使用非融合方式修瑕</td><td></td><td></td><td></td><td>🚩</td></tr>
<tr><td></td><td>使用蒙版方式修瑕</td><td></td><td></td><td></td><td>🚩</td></tr>
<tr><td></td><td>使用自动计算方式修瑕</td><td></td><td>🚩</td><td></td><td></td></tr>
<tr><td></td><td>使用透视修瑕方式修瑕</td><td></td><td></td><td>🚩</td><td></td></tr>
<tr><td></td><td>对变形图像进行矫正处理</td><td></td><td>🚩</td><td></td><td></td></tr>
</table>

能力与素质
目标

3.1 瑕疵类别

有人说，"摄影是减的艺术"。大千世界丰富多彩，在拍摄记录时如何去着重表现主体，是摄影师最为关注的问题。摄影师通常会使用镜头语言，通过框选来规避一些主要干扰物，但多数情况下，一些细微的干扰物在图像中无法避免。

后期处理中，修图师需要接续摄影师的工作，将画面中影响主体的干扰物去除。这些干扰物和主体相比，虽然视觉上并不会特别突出，但影响图像品质，因此在工作中称这些干扰物为"瑕疵"。

修图工作中经常遇到的瑕疵大致可以分为以下两种。

1. 视觉型瑕疵

视觉型瑕疵是基于一般大众审美，从常识角度很容易看出的瑕疵，比如大片草坪上有个塑料袋，光滑的皮肤上有一小块瘢痕，甚至地砖中的某一块铺设的不是那么整齐，还有相机镜头上由灰尘产生的污点等。这类瑕疵比较容易识别，大众对这类瑕疵的认知也非常接近。视觉型瑕疵即图像中存在的影响画面美观和表现，带来视觉不愉悦感的元素。

如图 3-1 所示，船的周围有很多杂乱的水草，将水草去除后，画面呈现出一种超现实的感觉，宛如仙境。

图 3-1

2. 表达型瑕疵

表达型瑕疵相对比较隐晦。在画面中，并不是所有元素都在为表达同一个主题而服务。无益于主题表达的元素，或者与表达主题相违背的元素，都可以称为表达型瑕疵。比如表现一个人的强悍，那皮肤上的疤痕就不能被视为瑕疵，反而需要强化处理；而表现一个人的温柔，那疤痕就会产生负面效果，此时即为瑕疵，需要酌情弱化或去除。再比如 3.3 节案例中，草地上零星的灌木丛带来自然随意的野趣之感，但需求方如果希望得到一个画面清爽简洁的房屋，那灌木丛就需要作为瑕疵去除。

表达型瑕疵永远和表达的主题息息相关，需要修图师对其加以甄别，再作相应的处理，这也对图像处理者提出了更高的要求。

如图 3-2 所示，天鹅黑色的腿部形态因光线的折射，视觉感不是很好，又显得较为杂乱，影响画面的视觉美感，将其去除后，就更好地传递出天鹅的纯洁优雅、悠闲惬意。

图 3-2

3.2 修瑕方法

在 Photoshop 中提供了多种修瑕工具和方法，按瑕疵的不同特点和操作的侧重点不同，可以分为融合方式修瑕、非融合方式修瑕、蒙版方式修瑕、自动计算方式修瑕和透视修瑕等几种方式。其中用到的工具主要有污点修复画笔工具、修复画笔工具、修补工具、仿制图章工具、蒙版、内容识别填充、消失点等。

1. 融合方式

当图像中的瑕疵在大的画面里具有小而孤立的特点时，适合使用融合方式修瑕。比如对人物皮肤上雀斑的处理，就会经常使用这种方式，如图 3-3 所示。

使用工具：污点修复画笔工具、修复画笔工具、修补工具。

图 3-3

2. 非融合方式

当图像中的瑕疵和需要保留的物体在空间上连接起来的时候，建议使用非融合方式修瑕疵。如图 3-4 所示，画面中树根的存在并不孤立，和主体鸟有接触的部分，这种情况需要使用图章工具。

使用工具：图章工具。

图 3-4

3. 蒙版方式

当图像中的瑕疵在画面中占据大面积且和需要保留的物体在空间上连接起来，并且图像中有完整区域可以复制过来遮挡瑕疵的时候，建议使用蒙版方式修瑕疵，如图 3-5 所示。

使用工具：图层蒙版。

图 3-5

4. 自动计算方式

当图像中需要去除的部分和环境结合较为紧密，周围的像素又很难直接复制遮挡的时候，可以尝试自动计算方式修瑕，让 Photoshop 自动填补瑕疵去除时留下的背景空白，如图 3-6 所示。

使用工具：内容识别填充。

图 3-6

5. 透视修瑕

当瑕疵处于一个透视面上的时候，直接覆盖会导致透视关系的混乱，这时可以尝试透视修瑕的方式，如图 3-7 所示。

使用工具：消失点。

图 3-7

6. 变形矫正

有时候因为拍摄角度的问题，或使用特殊的镜头，引起照片中物体透视变形和倾斜，使得拍摄对象与人们在现实中看到的样子大相径庭。这类情况在包含连续垂直线条或几何图形的照片中尤其明显。以图3-8拍摄的教堂照片为例，拍摄时由于教堂的进深空间非常窄，必须使用广角镜头才能把建筑拍全，但是只要用到广角镜头，画面同时就会伴随着一定的畸变产生；此外，由于拍摄角度只能选择仰拍，虽然照片中水平线基本没有问题，但是所有的垂直线全是斜的，因此要对其进行整体矫正。

矫正的方法是在 Adobe Camera Raw 里完成的。Camera Raw 是作为一个增效工具随Photoshop 一起提供的，主要为其提供导入和处理相机原始数据文件的功能。直接在 Photoshop 中打开"智慧职教"平台本课程中的"chapter3\街景 .cr3"素材文件，Photoshop 会优先调用Adobe Camera Raw 来打开该格式的图片文件，如图 3-9 所示。

变形矫正

图　3-8

图　3-9

如图 3-10 所示，可以单击右下角网格图标按钮，在画面上添加网格覆盖图来辅助观察，可自行设置网格大小和不透明度。找到右侧"几何"菜单，主要调整"垂直"和"水平"两个滑块，使楼宇竖直的和地面水平的线条和网格线保持一致。调整好街景的透视变形后，单击"确定"按钮，跳转到Photoshop界面。需要注意的是，矫正变形后，图像四周可能会变得不规则，如图3-11所示，可以依据该素材的需求，选择将空出来的透明区域进行"内容智能填充"，或者进行裁切，将不需要的区域都裁剪掉。本例中选择后者，如图3-12所示。

图 3-10

图 3-11

图 3-12

拍摄中还会出现两种变形：桶形畸变可导致直线向外弯曲，枕形畸变可导致直线向内弯曲，如图 3-13 所示。此外，晕影则可能导致图像边缘（尤其是角落）比图像中心暗。

图　3-13

常见的一种校正方法是在 Camera Raw 中进行校正。利用"镜头校正"选项卡中的参数调整对图像明显的扭曲和色差进行校正；在"相机校准"选项卡中对相机配置文件及图像的色彩色调进行管理。具体方法是在 Camera Raw 中打开照片，进入"镜头校正"选项卡的"配置文件"子选项，勾选"启用配置文件校正"复选框。图 3-14 所示是使用鱼眼镜头航拍的风景，画面中地平线已经成为弧线。当然，鱼眼镜头拍摄的画面也别具特色，这里只探讨校正的问题，校正前后的对比效果如图 3-15 所示。

还有一种方法是在 Photoshop 中进行镜头校正，如图 3-16 所示，选择"滤镜"→"镜头校正"菜单命令（滤镜可修复常见的镜头瑕疵，如桶形和枕形失真、晕影和色差），打开镜头校正工作区，勾选"几何扭曲"复选框，可以用拉直工具在画面上绘制一条参考地平线，以辅助水平方向的校正，如图 3-17 所示。

图　3-14

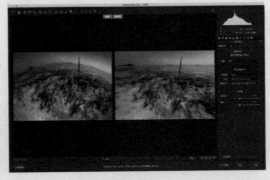

图　3-15

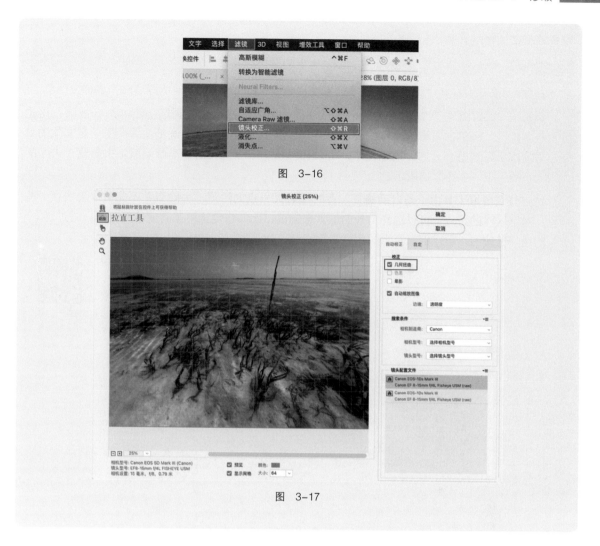

图　3-16

图　3-17

本节内容与职业技能等级标准（初级）要求对照关系见表 3-1。

表　3-1

本书章节	对应职业技能等级标准（初级）要求		
	工作领域	工作任务	职业技能要求
3.2 修瑕方法	2. 图像修饰	2.2 图像修复与校正	2.2.1 能熟练校正由镜头引起的光学变形
			2.2.2 能熟练调校建筑的透视变形
			2.2.3 能迅速且准确地识别图像问题特征
			2.2.4 能熟练使用多种方式去除瑕疵及干扰物

3.3　案例——草地房屋综合修瑕

项目创设：练习修复类工具和方法的使用，区分瑕疵，灵活处理笔刷的设置，根据不同的情况选择合适的修瑕方法。

步骤01 融合方式去除天空及草地污点

在Photoshop中打开"智慧职教"平台本课程中的"Chapter3\草地房屋.jpg"素材文件。

类似天空中由于镜头问题造成的小污点，优先选取"污点修复画笔"工具进行去除。这里需要注意的是，画笔的设置大小刚好覆盖污点，硬度上适当降低，使画笔边缘产生一定羽化的效果，与周围更好地融合。修改的过程中，可以按"["""]"键灵活缩小画笔或增大画笔，去匹配不同大小的污点，如图3-18所示。

污点修复画笔工具由于是自动修复，有时候对大一点的污渍，去除得并不完美，会残存一些颜色。对于这样的污点，可以选择另外的工具来尝试，比如修复画笔工具或修补工具。通过这3个工具的选择性使用，可以把天空上的污点去除干净，效果如图3-19所示。

案例——草地房屋综合修瑕

图 3-18

图 3-19

将草地区域放大，可以发现草地上也有一些污点，但和天空中污点的特点不同，草地上污点相对复杂，内部有草的纹理特点，而且面积也有大有小。去除这样的污点，可以选用修补工具，直接圈出一个选区来进行去除。如图3-20所示，在草地上圈出一块较大污点，按住鼠标左键拖曳该区域，到临近的草地上找到一块"草地补丁"来覆盖此污点。采用这种"补丁"填补的方式，能更好地保留原本的纹理。按照这种方法，把草地上的污点都去除掉，效果如图3-21所示。

图 3-20

步骤02 非融合方式去除灌木

下面主要用非融合方式来去除草地上的绿色灌木，用到的工具是仿制图章工具。放大草地上灌木的区域，选择仿制图章工具，调整画笔大小和硬度，如图3-22所示。按住Alt（Mac Option）键并单击，在画面上确定一个取样点，然后用画笔在需要覆盖的地方涂抹，直到整个灌木丛消失，如图3-23所示。采用同样的方法，把草丛上的灌木丛都涂抹掉，注意在边缘处需要使用极细小的画笔慢慢处理，如图3-24所示。

图 3-21

图 3-22

图 3-23

对于草地中间的一段连续的灌木丛，处理方法是先使用非融合的仿制图章工具将其断开成几小段（见图3-25），这样每一段就成为孤立的一块"污点"，然后采用融合的修补工具分别将每一块去除掉即可（见图3-26）。

图 3-24

图 3-25

图 3-26

步骤03 蒙版方式去除大树

现在需要去除房屋左侧的树木，这是一个大型的对象，所以不能用之前的方法，可以用右侧草坪和天空的部分加上蒙版来覆盖住树木的位置。如图3-27所示，使用套索工具圈出右侧一块区域，大小要比左侧树木大一些，再将这个区域复制到一个新的图层里，然后将其移动到左边，做旋转变形，使草坪弧线贴合原来的部分，如图3-28所示。如果一个区域覆盖不过来，那么就再复制一个，如图3-29所示，直至把楼房左侧的部分完全覆盖。

遮盖住树木的图层区域边缘比较明显，过渡会很生硬，可以添加图层蒙版，用低硬度、稍大的笔刷沿边缘绘制黑色，这样使边缘类似于羽化的过渡效果，可以与背景很好地融合。采用同样的方式，处理草地交界的边缘，如图3-30所示。

图　3-27

图　3-28

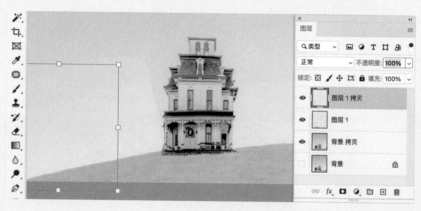

图　3-29

图　3-30

　　如图3-31所示，在房屋的边缘处理上，要用10像素以内、硬度较高的画笔进行细节处修饰。对于遮盖多的区域，用白色画笔一点点找回，直到把房屋的边缘完整清晰地显现出来。这部分完成后的效果图如图3-32所示。

图　3-31

图　3-32

步骤04 计算方式更换窗户

　　下面练习使用自动计算的方式将房屋二层的窗户去除，然后再更换一组窗户。去除窗户用到的方法是"内容识别填充"。如图3-33所示，用矩形选框工具框选出一个窗户的区域，注意把窗户本身和临近的花纹包含进去，在选区中右击，在弹出的菜单中选择"内容识别填充"命令，Photoshop会自动计算补足这个区域。采用同样的方法，把另一个窗户也去除，效果如图3-34所示。

图　3-33

图　3-34

　　打开新加窗户的素材文件"窗户.png"，置入原文件中，栅格化成普通图层。如图3-35所示，对窗户素材进行选区、缩放，复制为6个小窗户，保存成"新窗户"组，整体调整位置，摆放在画面中。本案例最终效果与原图对比如图3-36所示。

图 3-35

图 3-36

3.4　案例——透视修瑕夜晚楼景

项目创设：在城市里拍摄的景观，总免不了会有杂乱的电线入镜影响整体效果。理解透视和消失点的概念，练习使用透视修瑕的方法，去除楼景中的干扰电线。

图　3-37

案例——透视修瑕夜晚楼景

步骤01 打开素材并调出"消失点"工作区

在 Photoshop中选择"文件"→"打开"菜单命令，打开"智慧职教"平台本课程中的"Chapter3\夜晚楼景.jpg"素材文件，如图3-37所示。选择"滤镜"→"消失点"菜单命令，如图3-38所示，调出"消失点"工作区。

消失点功能可以在包含透视平面（如建筑物的侧面、墙壁、地面等）的图像中进行透视校正。首先需要在图像中指定具有透视关系的平面，然后再应用绘画、仿制、复制或粘贴以及变换等编辑操作。所有编辑操作都基于已经建立的透视关系，这样在进行修饰、添加或移去图像中的内容时，结果将更加逼真。完成在消失点中的工作后，可以继续在 Photoshop 中编辑图像。

步骤02 建立左面楼墙的透视网格

进入"消失点"工作区后，可以观察到画面中主要有3面大的楼房墙面，且从左向右，墙面与墙面之间呈90°的关系。下面要建立这3面楼房墙面的立体和透视关系。先从左面楼面开始，如图

图　3-38

3-39所示，依次找到实际中是"矩形"的4个点，建立起一个基础的透视关系，单击网格上的各个关键点，可以通过调整一个点的位置，牵动改变周围网格的形状，使透视网格更精准。

图　3-39

● **技巧 提示**

消失点中的外框和网格会改变颜色，以指明平面的当前情况。
蓝色：指明有效的平面，但要确保外框和网格与图像中的几何元素或平面区域精确对齐。
红色：指明无效的平面，"消失点"无法计算平面的长宽比。
黄色：指明无效的平面，无法解析平面的某些"消失点"。

步骤03 扩展基础网格，包含更多墙面

　　基础网格建立后，将鼠标移至四周网格边缘上，按住鼠标左键向外拖曳，可扩展整个透视网格，尽量将左侧电线的部分都包含在网格范围内，如图3-40所示。

图　3-40

步骤04 向右扩展，建立右侧两个墙面的透视网格

将网格继续向右扩展，临近的右侧墙面与之前墙面在实际中呈90°关系。按住Ctrl（Mac Command）键，向右拖曳网格至墙面边缘，如图3-41所示。微调网格四周关键点，使透视关系精准。采用同样的方法，继续向右扩展到最右侧的斜面墙面，整个透视网格如图3-42所示。

图 3-41

图 3-42

步骤05 使用图章工具去除电线

如图3-43所示，在工作区的左侧工具栏里选择图章工具 ▲ ，在电线的周围选择合适的修复源，逐一把电线盖住。这个过程（取样、盖章）要反复多次，如果某一步效果不理想，应撤销重

1
2
3
4
5
6
7
8
9
10
11

来，直至把这条电线都去除干净，如图3-44所示。

图 3-43

图 3-44

步骤06 继续使用图章工具去除其他楼面电线

　　如图3-45所示，按照步骤04操作，将该楼面电线逐一去除干净。这个过程相当烦琐，需要细致地观察和调整，直至达到如图3-46所示的效果，单击"确定"按钮，退出工作区。

　　以上是在"消失点"工作区中完成的步骤，楼面上的电线已完全去除干净，还剩下右下角天空处的电线没有去除。

图 3-45

图 3-46

步骤07 使用仿制图章工具去除天空中的电线

如图3-47所示，余下的天空部分的电线，使用仿制图章工具去除。最终结果如图3-48所示。

图 3-47

图 3-48

3.5 课后练习

一、选择题（共5题），请扫描二维码进入即测即评。

3.5 课后练习

1. 下列属于非融合修瑕工具的是（　　　）。

A. 修补工具 　　　　　　　　　　B. 修复画笔工具

C. 图章工具 　　　　　　　　　　D. 污点修复画笔工具

2. 下列修瑕工具中，通过直接单击即可去除图像瑕疵的是（　　　）。

A. 修补工具 　　　　　　　　　　B. 修复画笔工具

C. 图章工具 　　　　　　　　　　D. 污点修复画笔工具

3. 下列关于仿制图章工具的说法中，错误的是（　　　）。

A. 仿制图章工具的画笔硬度，可以设置绘制边缘的羽化程度

B. 仿制图章工具的笔触大小，调整的快捷键和画笔工具是相同

C. 仿制图章工具的笔触越大，修瑕的效率越高，效果也越好

D. 使用仿制图章工具时，使用较低的不透明度涂抹，经常用于混合质感

4. 如图 3-49 所示，在使用蒙版方式遮挡瑕疵时，有时会需要单独移动蒙版，下列操作正确的是（　　　）。

A. 首先单击图层上的蒙版，然后选择移动工具进行移动

B. 首先要解除图层与蒙版之间的链接，再选择蒙版，然后选择移动工具进行移动

C. 首先要解除图层与蒙版之间的链接，然后选择移动工具进行移动

D. 首先单击图层上的蒙版，然后用选择工具拖拉

5. 在 Photoshop 中，使用仿制图章工具可以快速复制对象。图 3-50 中的海星（　　　）是原始图像。

图 3-49

A. A

B. B

C. C

D. D

图 3-50

二、判断题（共 2 题）

1. 对图像进行矫正变形操作时，需要注意的是一些画面可能会被裁切掉。 （ ）

2. 如图 3-51 所示，如果修补工具的复制方式选择"目标"，便能够将风机复制到图像中其他的地方。 （ ）

原图

效果图

图 3-51

三、实操题

1. 对图 3-52 去瑕，去除掉远处的树干等瑕疵。

原图

效果图

图 3-52

1
2
3
4
5
6
7
8
9
10
11

2. 对图 3-53 进行图像变形的矫正。

原图　　　　　　　　　　　　　　　　效果图

图　3-53

Chapter 4

绘制

　　本书中进行的一系列操作，如抠像、提取轮廓、利用通道、灵活调色、制作材质等，无一不通过画笔的绘制功能来完成，所以说画笔是 Photoshop 的王道。

	知识技能点	学习目标			
		了解	掌握	熟练	运用
学习要求	画笔工具在图像设计中的作用	▶			
	调整画笔的基本形态			▶	
	调整画笔的特殊形态				▶
	自定义画笔形状				▶

能力与素质
目标

4.1 Photoshop的王道——画笔

要灵活使用 Photoshop 的画笔功能，有两种常用工具可供选择：一是鼠标，二是压感笔。如果经常使用 Photoshop 的绘制功能，不妨尝试使用压感笔，绘制起来会更加灵活、自如，并且画笔的状态（包括倾斜角度、使用力度等）会实时显示在画布左上角的动态画笔框中。

1. 大小、硬度、间距

在使用画笔功能时，最常用的也是最基本的 3 个属性是大小、硬度和间距，和画笔相关的两个面板是"画笔"面板和"画笔设置"面板。下面通过一个简单的练习来认识画笔的原理及这 3 个属性。选择"画笔"面板中某种椭圆作为画笔的笔尖形状，将其大小调至 123 像素，随意绘制一段曲线，如图 4-1 所示。从中可以看出，线条是由很多个圆（已选定的笔尖形状）沿绘制路径依次串叠而成的，"画笔"面板中的"大小"选项可在微观上控制笔尖的形态大小，并在宏观上控制曲线的粗细；"硬度"选项可控制笔尖边缘的羽化程度；"间距"复选框则用于指示相邻圆之间的距离，是常用的功能，圆排列的疏密程度在一定程度上影响着曲线的轮廓和绘制的内容，"间距"以相对于笔尖形态的大小百分比来量化。图 4-2 所示为使用不同的"硬度"和"间距"值绘制的曲线。可以在"画笔设置"面板下方的预览区域来实时观察调整效果。

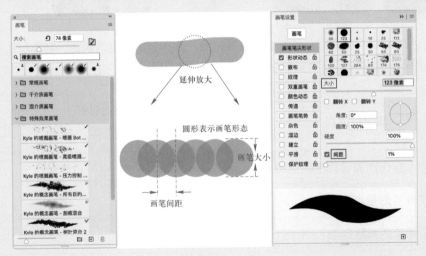

图 4-1

图 4-2

2. 角度变化

如图 4-3 所示，从可调整画笔笔尖的角度和圆度，可获得绘制时转角处的斜度，得到近似飘带的绘制效果。如果进行夸张的变形并加大间距，还可以得到类似栅栏的画笔形态。

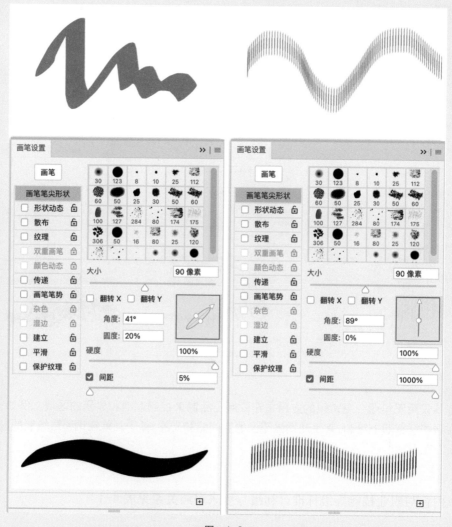

图　4-3

3. 形状动态

进一步展开联想，诸如风雪雷电等特效，以及木头、石材等纹理，都可以通过定义画笔形态来完成，但需要用到画笔的一些非常规调节方式，这里重点介绍"形状动态"。"形状动态"可表示画笔的不规则状态，使画笔更接近于自然态。在"形状动态"的具体参数选项中，调整"大小抖动"选项为 100%，此时会出现一种随机效果，即笔尖形态会显现出不同程度的大小差异；如果在此基础上再设置"角度抖动"为 17%，则画笔描绘出的笔触不再是统一的竖条状，而是根据描绘路径的弯曲程度呈现一定的角度偏转，角度大小则由百分比参数来控制；如果要实现随机分散的效果，则需要再勾选"散布"复选框，设置散布程度为 70%，数量为 3，画笔就具有了随机态、自然感，这在毛发绘制时非常有用。不同的画笔参数设置及效果如图 4-4 所示。

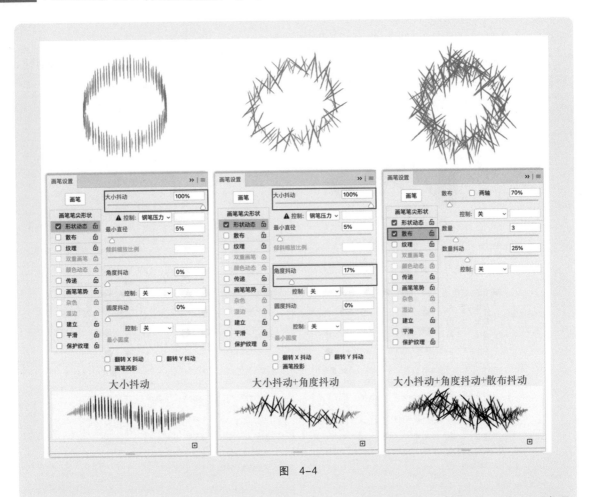

图 4-4

画笔不仅用于绘图，更常规的应用是在蒙版上绘制来控制遮挡和显示的区域。例如，经常需要通过在调整层蒙版上绘制，来手动增强图像的空间感和光感。关于画笔在调整层绘制的应用案例，详见2.8.3节。

本节内容与职业技能等级标准（初级）要求对照关系见表4-1。

表 4-1

本书章节	对应职业技能等级标准（初级）要求		
	工作领域	工作任务	职业技能要求
4.1 Photoshop 的王道——画笔	3. 图像增效	3.2 细节提升	3.2.1 能熟练通过绘图工具增强对象光感

4.2 案例——海中气泡

项目创设：通过用画笔绘制真实感水下气泡，加深对画笔各参数的理解，并进一步掌握画笔相关属性参数的调节。

步骤01 绘制椭圆渐变

新建文件，设置背景为白色。首先在画布上绘制一个椭圆选区，然后选择画笔工具，分别使用纯黑、约50％灰进行绘制，灰度层次表示气泡亮度层次，如图4-5所示。

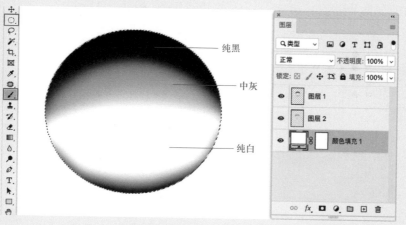

图 4-5

步骤02 绘制椭圆渐变

将气泡所在图层合并成为一个图层。由于气泡边缘过于分明，执行"滤镜"→"高斯模糊"菜单命令，在打开的"高斯模糊"对话框中设置"半径"为2像素，如图4-6所示。

步骤03 预设画笔

如图4-7所示，选择"编辑"→"定义画笔预设"菜单命令，将完成的气泡形态定义成新画笔，并命名为 bubbles。

图 4-6

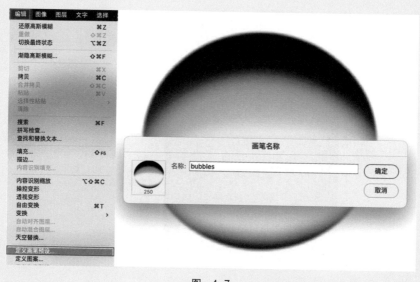

图 4-7

步骤04 调整气泡画笔

如图4-8所示，在"画笔"面板中搜索并选中新画笔bubbles，将笔尖形状属性中的间距调整为160%，使气泡稀疏；将"形状动态"中的"大小抖动"设置为50%，将"角度抖动"设置为10%；设置沿两轴散开程度为226%，此时气泡错落有致，接近于自然态。

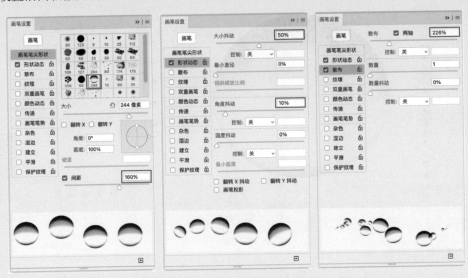

图 4-8

步骤05 在画面中绘制气泡

打开"智慧职教"平台对话框中的"Chapter2\海泳.jpg"素材文件，如图4-9所示。新建图层，命名为"气泡"，选择工具栏中画笔工具，搜索刚才保存的bubbles画笔，画笔大小设置为"10像素"，尽量小一些；设置前景色为白色，从人物指尖处向斜上方画出一串气泡。根据实际经验，气泡在上升的过程中会因为周围水压的变小而逐渐变大，在绘制过程中应逐渐增加画笔的大小，向上完成整串气泡的绘制，如图4-10所示。

至此，完成了气泡的添加，案例原图及效果对比如图4-11所示。

图 4-9

图 4-10

图 4-11

4.3 案例——心形云

项目创设：本案例需要学习者自制画笔，绘制一朵心形云。

步骤01 新建文件

选择"文件"→"新建"菜单命令，新建一个文档，在弹出的对话框中设置图片的尺寸及色

165

彩模式，参数如图4-12所示，最后单击"确定"按钮。

步骤02 制作云彩图层

设置前景色为黑色，背景色为白色，执行"滤镜"→"渲染"→"云彩"菜单命令，如图4-13所示。图层中会添加云彩效果，云彩的颜色由前景色和背景色组合而成，将图层命名为"云"。

案例——心
形云

图　4-12

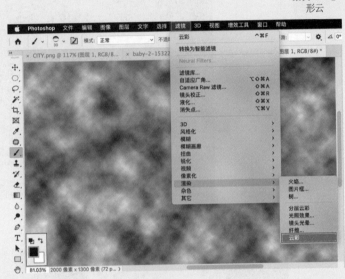

图　4-13

步骤03 得到云彩选区

复制刚才制作的"云"图层，设置图层混合模式为"颜色加深"，如图4-14所示。执行"选择"→"色彩范围"菜单命令，打开"色彩范围"对话框，将"颜色容差"设置为"200"最大，单击"确定"按钮，得到云彩选区如图4-15所示。

图　4-14

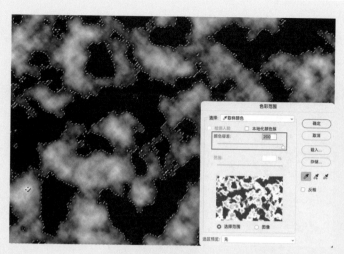

图 4-15

步骤04 制作云朵画笔

新建图层，执行"编辑"→"填充"菜单命令，将通过"色彩范围"获得的选区填充上黑色，如图4-16所示。在该图层下方新建一个纯白色填充的图层，普通图层或者调整层均可。在画面上选择一块相对独立的云朵，用套索工具勾勒出来，如图4-17所示，执行"编辑"→"定义画笔预设"菜单命令，保存为"云朵"画笔。这里需要注意的是，如果没有找到特别满意的形状，可以多执行几次"云彩"滤镜。

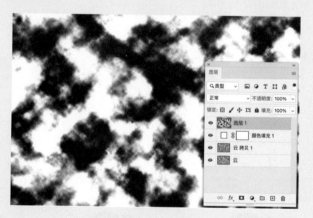

图 4-16

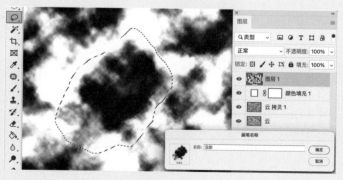

图 4-17

1
2
3
4
5
6
7
8
9
10
11

167

步骤05 建立蓝色背景图层并设置颜色

在"图层"面板中新建"纯色"调整图层，拾色器色值设置为"#196ca6"，将前景色和背景色分别设置为"#eff4f8"和"#bccfe0"，如图4-18所示。

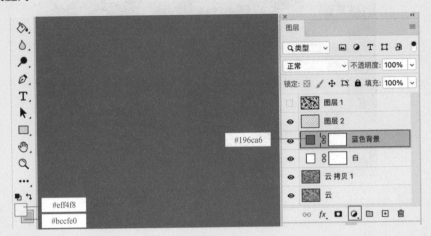

图 4-18

步骤06 设置云朵画笔的属性

调出"画笔设置"面板，选中"云朵"画笔，依次调整笔尖形状、形状动态、颜色动态和散布方式，参数设置参考图4-19。注意，这里的参数无须严格一致，可添加一些随机变化的感觉，颜色动态用到前面步骤设置的前景色和背景色。

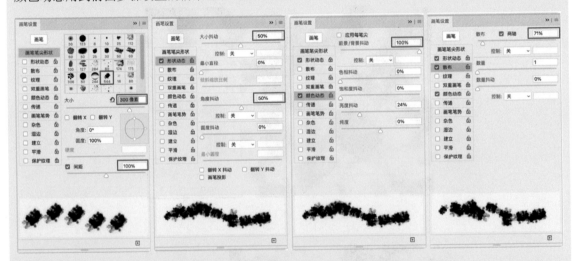

图 4-19

步骤07 画心形云朵

如图4-20所示，在画布上开始绘制云朵，一开始可以用200像素左右的小号笔刷，绘制出大概的心形轮廓，然后逐渐增大笔刷，最后涂满整个画布中央。可以反复练习，绘制效果会越来越逼真。最终效果如图4-21所示。

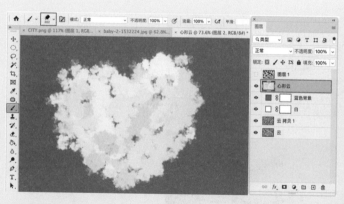

图　4-20

图　4-21

4.4　画笔库赏析

　　画笔的种类很多，除了自定义绘制画笔外，还可以载入外部画笔。常见的可载入外部画笔效果如图 4-22 ~ 图 4-28 所示。

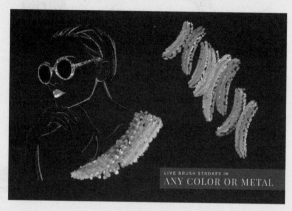

图　4-22

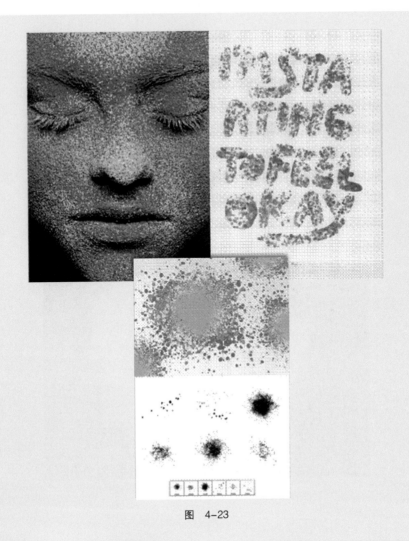

图 4-23

图 4-24

图　4-25

图　4-26

图　4-27

图　4-28

4.5 课后练习

4.5 课后练习

一、选择题（共5题），请扫描二维码进入即测即评。

1. Photoshop 调整画笔大小的快捷键中，让画笔变小的是（　　）键。

A. [

B.]

C. 【

D. 】

2. 下列关于画笔使用场景的描述中，错误的是（　　）。

A. 画笔可以用于普通图层

B. 画笔可以用于图层蒙版

C. 画笔可以用于快速蒙版

D. 画笔可以用于文字图层

3. 如图 4-29 所示的画笔画出的效果，可能是修改了画笔笔尖形状的（　　）设置。

A. 形状动态

B. 杂色

C. 纹理

D. 传递

4. 画笔功能可以连接多种硬件进行操作，如鼠标、画板等。如果需要在绘制时得到深浅、大小等变化的笔触，如图 4-30 所示，需要使用（　　）。

A. 键盘

B. 标尺

C. 压感笔

D. 校色仪

图 4-29

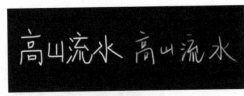

图 4-30

5. 如图 4-31 所示，在 Photoshop 里绘制了一个图案，将它存储为画笔笔刷的操作是（　　）。

A. 编辑→定义画笔预设

B. 编辑→定义图案

C. 画笔设置→单击右下角加号按钮

D. 图层→新建填充图层→图案

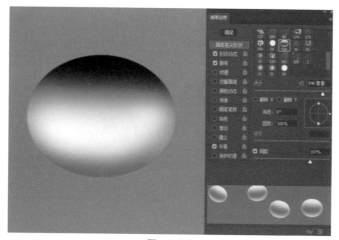

图 4-31

二、判断题（共 2 题）

1. 自定义画笔时，可以通过框选半透明区域得到半透明的画笔笔触。　　　　　　　（　　　）

2. 在画笔工具中可以设置依据某种方式进行对称绘制，例如图 4-32（d）绘画的对称选项是"曼陀罗"。　　　　　　　　　　　　　　　　　　　　　　　　　（　　　）

图 4-32

三、实操题

自定义雪花画笔，为图 4-33 所示的滑雪场景营造下雪效果。

原图

1
2
3
4
5
6
7
8
9
10
11

效果图

图 4-33

图解步骤：

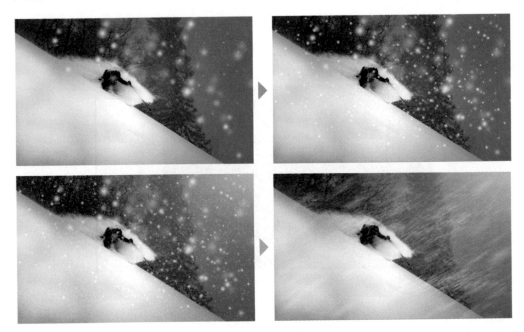

Chapter 5

抠像

　　抠像是数字影像处理工作中的重要内容，也是最需要技巧和细心的环节。本章将错综复杂的抠像对象依据其特点进行简化分类，读者可根据不同类别采取不同的抠像策略，真正做到有法可循。

学习要求	知识技能点	学习目标			
		了解	掌握	熟练	运用
	抠像的基本概念	🚩			
	对清晰轮廓的物体进行抠像处理			🚩	
	对复杂轮廓的物体进行抠像处理				🚩
	对半透明轮廓的物体进行抠像处理				🚩

能力与素质
目标

5.1 轮廓的分类

　　抠像，顾名思义，就是把物体的背景去除或将物体从画面中提取出来，继而通过对多个物体的重组，来产生新的含义。因此，抠像是完成合成工作的关键技术和基本技能。对于纯色背景的去除，影视工作中一般称为键控，英文称为 Key，对应的是 Photoshop 中能够直接选取纯色的技术，如魔棒、色彩范围等；而对于非纯色背景，物像主体则很难直接界定，往往需要手工来完成，英文称为 Mask 或 Matting，即 Photoshop 中的绘制矢量蒙版或蒙版，抠像用的 Alpha 通道本质上也是一种手工制作的 Matting。随着人工智能（AI）技术的发展，Photoshop 也提供了可以智能分离背景的工具，如选择主体、选择并遮住等。在实际工作中，有些人也称这类操作为抠图、去背景或提取轮廓。在本书中将以抠像概括此类工作。

　　对于"像"的种类，如果依据其内容来区分，多种多样。但作为抠像的对象，只需要关心对象自身的轮廓形态及其与背景之间的融合关系。据此，可以将对象轮廓归纳成 3 类：清晰轮廓、复杂轮廓和半透明轮廓。

　　如图 5-1 所示，热气球简洁的球形外观在纯色天空背景下极易辨识，可看作清晰轮廓；图 5-2 所示的帆船则不同，虽然背景相对为纯色，但桅杆和撑线在某些区域交织成网状，属于复杂轮廓。类似的情况还有人的头发、动物毛发、植物细密的叶片等；图 5-3 所示的烟，以及同类型的火、玻璃等对象，均带有丰富的不同程度的半透明效果，不能仅考虑外观轮廓来进行处理，应将其划分为一类，即半透明轮廓。

清晰轮廓

图 5-1

　　针对这几种类型的轮廓，分别有不同的处理方法。作者依据长期的使用经验，加以总结，从每类轮廓实际完成的抠像效果出发，提出 3 种级别的处理方案，见表 5-1。其中，五星级方案，可达到精细的抠像效果；三星级方案，推荐在追求简单快捷时使用。需要注意的是，没有任何一种技术手段是万能的，所以每种方案经常是一或多种技术手段的组合应用，以博采众长。最传统的一星级手段是利用选择工具组来处理，虽然简单，但由于其在大多情况下过于粗糙的抠像效果无法满足对于细节完美追求的现代设计理念，本书不予重点介绍。在这些方案中，几个重要的技术手段分别是通道、选择并遮住、结合画笔及蒙版。下面将通过案例学习这些方法的使用，在学习的过程中注意了解每种方法的长处和弱势，这样在处理各种问题时才能灵活选用。

复杂轮廓

图 5-2

半透明轮廓

图 5-3

表 5-1

类型／效果	一星	三星	五星
清晰轮廓主体	选择工具／选择主体	主体／选择并遮住	钢笔工具
复杂轮廓主体	选择工具	主体	选择并遮住／通道＋画笔
半透明轮廓主体	选择工具	选择并遮住	通道＋钢笔工具＋蒙版

本节内容与职业技能等级标准（初级）要求对照关系见表 5-2。

表 5-2

本书章节	对应职业技能等级标准（初级）要求		
	工作领域	工作任务	职业技能要求
5.1 轮廓的分类	2. 图像修饰	2.3 元素抠取	2.3.1 能了解抠像基本原理

5.2 清晰轮廓抠像案例

　　如果将画面中清晰轮廓的对象抠取出来，是较容易的。根据对象的形状，在第 2 章中介绍过的选择类工具都可以选用。如果对象与背景有较大差异，"选择主体"是非常方便的手段。例如，在图 5-4 所示的彩蛋图片中，如果只想选出一枚蓝色的彩蛋作为素材使用，那么最为方便的做法是使用钢笔工具组里的弯度钢笔工具 ，沿着彩蛋四周定几个关键点，便可以勾勒出一个接近椭圆形的路径，微调曲线的弧度，精确贴合彩蛋的边缘，在"路径"面板中单击"将路径作为选区载入"按钮（见图 5-5）即可将彩蛋选出来，然后复制到单独图层，便可作为素材使用。

1
2
3
4
5
6
7
8
9
10
11

图　5-4

图　5-5

本节内容与职业技能等级标准（初级）要求对照关系见表5-3。

表　5-3

本书章节	对应职业技能等级标准（初级）要求		
	工作领域	工作任务	职业技能要求
5.2 清晰轮廓抠像案例	2. 图像修饰	2.3 元素抠取	2.3.3 能通过路径手段进行抠像

5.3　复杂轮廓抠像案例

5.3.1　案例——人像抠像 ▽

项目创设：通过本案例，学习抠取复杂轮廓的一般方法，即"选择并遮住"并结合画笔将人像从黄颜色背景中提取出来。

复杂轮廓

清晰轮廓

案例——人
像抠像

图　5-6

步骤01 打开文件并选择主体

在Photoshop中打开"智慧职教"平台本课程中的"Chapter5\人像抠像.psd"素材文件，如图5-6所示。在工具栏的魔棒工具组中选择任意一个工具，在属性栏右侧单击"选择主体"按钮，软件会自动选出人物主体，如图5-7所示。

图　5-7

步骤02 选择并遮住

"选择主体"的结果并不完美，尤其是毛发部分，继续调出"选择并遮住"工作区，微调细节。如图5-8所示，先切换不同的视图来检查清晰轮廓和毛发轮廓是否有问题，在透明背景下效果还不错；在黑白视图下，可以看得更清楚。如图5-9所示，放大头部区域，一边观察左侧画面

1
2
3
4
5
6
7
8
9
10
11

效果，一边调节右侧属性参数，这里主要关注边缘检测部分，勾选"智能半径"复选框，将智能半径滑块向右适当移动，直至发丝边缘清晰可以基本被选出，而肩膀边缘不会虚化的程度；"平滑"及"羽化"参数微调；将"移动边缘"内缩1%，有助于从选区边缘移去不想要的背景颜色杂边；勾选"净化颜色"复选框，去除边缘区域里背景颜色的影响。

参数调节后，画面留有几处细节瑕疵，比如头发有不连续处、身体的边缘有虚化的部分。

图 5-8

图 5-9

步骤03 微调发丝

选择左侧工具栏中的调整边缘画笔工具，在发丝不连续的区域涂抹，使发丝更连续清晰，如图5-10所示。

步骤04 找回身体边缘虚化的部分

选择左侧工具栏中的画笔工具，调整合适的笔触大小，将身体边缘虚化的部分，一点点地涂实，如图5-11所示。调整完成后，将抠像结果输出到带有蒙版的图层，如图5-12所示。

图 5-10

图 5-11

图 5-12

步骤05 添加背景

为人物添加一个夜色的背景，最终效果如图5-13所示。

图 5-13

5.3.2　案例——梅树抠像 ▽

项目创设：通过本案例，学习通道抠取复杂轮廓的方法，包括相关原理和步骤。

步骤01　打开文件并挑选通道

　　在Photoshop中打开"智慧职教"平台本课程中的"Chapter5\梅树.jpg"素材文件，如图5-14所示。调出"通道"面板，分别观察R、G、B这3个通道里的明暗关系，如图5-15所示，选择黑白关系明确的"G通道"（也可以选择B通道），右击在弹出的快捷菜单中选择"复制通道"命令，复制一个绿通道的拷贝，如图5-16所示。

案例——梅
树抠像

图　5-14

图　5-15

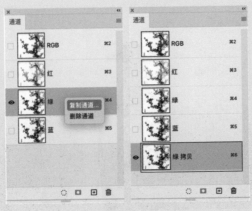

图　5-16

步骤02 利用色阶得到准确选区

　　选中"绿 拷贝"通道，选择"图像"→"调整"→"色阶"菜单命令，打开"色阶"对话框，如图5-17所示，拖动滑块，从画面上看使白部更白，暗部更黑，中间色区域整体变黑，最终达到画面中几乎只有黑白的效果。单击"通道"面板下方的"将通道作为选区载入"按钮，如图5-18所示。此时选出的是白色背景区域，执行"反选"操作，即可得到梅树选区。

图　5-17

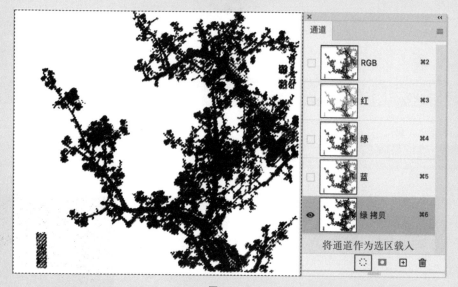

图　5-18

步骤03 复制到新图层

　　回到RGB三色视图状态，选择"图层"→"新建"→"通过拷贝的图层"菜单命令，如图5-19所示，将选区中的梅树复制到新图层上，可看到最终抠像效果，如图5-20所示。

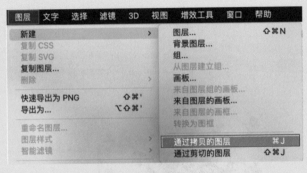

图 5-19

图 5-20

5.4 半透明轮廓抠像案例

5.4.1 案例——火焰抠像 ▽

项目创设：通过本案例，学习对包含半透明效果的对象进行抠像的通道应用方法，将火焰从黑色背景中提取出来，并能够完好地融合在其他场景中。

步骤01 打开文件并挑选通道

在Photoshop中打开"智慧职教"平台本课程中的"Chapter5\火焰.jpg"素材文件，如图5-21所示。调出"通道"面板，分别观察R、G、B这3个通道里的明暗关系。火焰的特点在于具有丰富的半透明光影信息，此时不再以明晰的黑白关系作为标准来选择通道，而是以是否包含丰富的灰度信息来作为标准。如图5-22所示，观察3个通道的特点，如果想突出火焰的透亮特点，应选择"G"通道；如果想突出火焰的形，相对弱化火焰亮度层

图 5-21

次，那么可选择"R"通道。这里，选择"G"通道。

图 5-22

步骤02 利用色阶得到准确选区

　　如图5-23所示，复制"G"通道，得到"绿 拷贝"通道。选择"图像"→"调整"→"色阶"菜单命令，打开"色阶"对话框，与之前的案例目的不同，这里需要保存丰富的灰度信息，所以需要适当压缩暗部，16以下均调至纯黑；适当压缩亮部，180以上均提亮；中间灰适中，调至1左右，单击"确定"按钮。如图5-24所示，单击"通道"面板下方的"将通道作为选区载入"按钮⊙，即可得到火焰选区。

图 5-23

案例——火焰抠像

图 5-24

步骤03 复制到新图层

回到RGB三色视图状态，选择"图层"→"新建"→"通过拷贝的图层"菜单命令，将选区中的火焰复制到新图层上，即可看到最终抠像效果，如图5-25所示。

图 5-25

5.4.2 案例——玻璃瓶抠像

项目创设：玻璃瓶边缘具有清晰锐利的轮廓，内部还具有半透明的效果，既要找黑白关系，也要找瓶子内部的灰度关系。通过本案例，学习半透明轮廓的抠像方法。

步骤01 打开文件并挑选通道

在Photoshop中打开"智慧职教"平台本课程中的"Chapter5\玻璃瓶.jpg"素材文件，如图5-26所示。调出"通道"面板，分别观察R、G、B这3个通道里的明暗关系，如图5-27所示，选择边缘较清晰又不失灰度层次的R通道。

图 5-26

图 5-27

步骤02 利用色阶设置白场，净化背景

如图5-28所示，复制R通道，得到"红 拷贝"通道。选择"图像"→"调整"→"色阶"菜单命令，打开"色阶"对话框，单击最右侧的"在图像中取样以设置白场"按钮，在背景中取样来设置白场，使背景更干净、更接近纯白，削弱背景灰度对抠像的影响。

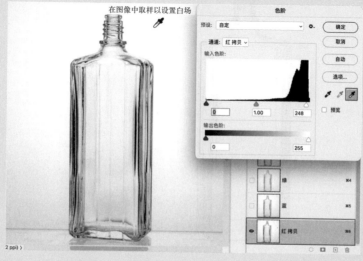

图 5-28

187

步骤03 利用色阶得到准确选区

　　继续调整色阶，如图5-29所示，通过拖动滑块将122以下的灰部压暗为纯黑，使亮部细节丰富，适当将244以上的亮部提至纯白，将中间灰调至1.74左右，单击"确定"按钮。

图　5-29

步骤04 去除背景杂色

　　继续处理"红　拷贝"通道，能够看到背景中还残留着部分灰色和灰线，选择画笔工具，用白色的笔刷涂抹覆盖杂线区域，效果如图5-30所示。

图　5-30

步骤05 复制选区到新图层

　　单击"通道"面板下方按钮 ⊙ ，将"红 拷贝"通道载入为选区，此时选中的是白色区域，然后选择"选择"→"反向"菜单命令，得到瓶子选区。再选择"图层"→"新建"→"通过拷贝的图层"菜单命令，其效果及得到的图层如图5-31所示。

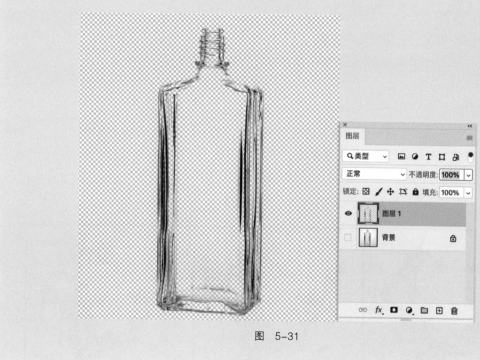

图　5-31

　　本节内容与职业技能等级标准（初级）要求对照关系见表5-4。

表　5-4

本书章节	对应职业技能等级标准（初级）要求		
	工作领域	工作任务	职业技能要求
5.3 复杂轮廓抠像案例	2. 图像修饰	2.3 元素抠取	2.3.2 能通过选区手段进行抠像
5.4 半透明轮廓抠像案例			2.3.4 能通过绘图手段进行抠像
			2.3.5 能综合使用多种手段对复杂物体进行抠像

5.5　课后练习

一、选择题（共5题），请扫描二维码进入即测即评。

1. 以下可以用于复杂物体抠像的是（　　　）。

A. 矩形选择工具　　　　　　　　　B. 椭圆选择工具

5.5 课后练习

C. 多边形选择工具　　　　　　　　D. 选择并遮住命令

2. 抠取的图像在反复"自由变换"时，可以最大程度减少像素损失的方式是（　　）。

A. 双击图层添加图层样式

B. 变换前在图层上右击，转换为智能对象

C. 变换前在图层上右击，从图层建立组

D. 选中图层，锁定该图层的透明像素

3. 以下（　　）可以自动将选区内的主体和背景分离，从而产生抠像效果。

A. "主体"命令　　　　　　　　　　B. 椭圆选择工具

C. 画笔工具　　　　　　　　　　　D. 套索工具

4. 如图 5-32 所示，在进行通道抠像的时，观察图示的 R、G、B 这 3 个通道，（　　）通道最不适合对梅树和梅花进行进一步抠像操作。

A. R　　　　　　　　　　　　　　B. G

C. B　　　　　　　　　　　　　　D. 所有

图　5-32

5. 如图 5-33 所示，在使用"选择并遮住"命令抠像时，为了在主体边缘产生一定的柔和过渡，可以使用（　　）命令。

A. 平衡　　　　　　　　　　　　　B. 羽化

C. 对比度　　　　　　　　　　　　D. 净化颜色

图　5-33

二、判断题（共 2 题）

1. 如图 5-34 所示，在使用"选择并遮住"命令抠像时，勾选"净化颜色"复选框，会将残留的边缘颜色进行弱化处理。　　　　　　　　　　　　　　　　　　　　　　（　　）

2. 如图 5-35 所示，Alpha 通道中的黑白图像可以作为选区载入，因此 Alpha 通道经常会被用于复杂轮廓或半透明物体的抠像。　　　　　　　　　　　　　　　　　　　　（　　）

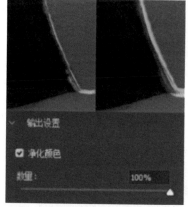

图　5-34

图　5-35

三、实操题

对图 5-36 所示风景照片进行抠像并更换背景。

原图

效果图

图　5-36

图解步骤：

Chapter 6

调色

　　传统的调色方法中主观判断成分居多，完全依靠设计师多年培养起的美感和经验。本章介绍全局调色法和混合匹配法，希望能给读者提供相对客观的标准，以创作者的主观创作思路为主，充分发挥软件的辅助功能，用性价比较高的方法获取贴近于视觉体验的图像。

	知识技能点	学习目标			
		了解	掌握	熟练	运用
学习要求	调色的基本概念	⚑			
	对图像进行亮度和色彩矫正				⚑
	对彩色图像进行流程化调色			⚑	
	将图像转换为高质量黑白影像	⚑			
	对图像进行批量处理			⚑	

能力与素质
目标

6.1 校色和调色

色彩调节包含两层意思：严格的色彩校正（校色）和感性的色彩调整（调色）。

对于色彩的校正，要求还原拍摄景物的色彩，与原始景物色彩尽量一致。比如产品宣传册的印刷，客户多希望所见即所得，否则货不对板，就会有产生纠纷的可能。

调色多指在校色的基础上对图片进行主观的色彩升华，使其具有某种风格。例如当下流行的LOMO、日系等照片风格和合成海报的制作多是在调色上下功夫。总体来说，色彩调整可以很严格，也可以很自由随意，一切都取决于创作要求。

校准图片需要遵循以下6个准则：

① 正确的曝光。

② 准确的白平衡。

③ 准确的色彩还原。

④ 丰富合理的灰度层次。

⑤ 足够的清晰度。

⑥ 适当的饱和度。

图 6-1

在实际的摄影图像的修正处理工作中，有很大一部分常规处理都可以在 Adobe Camera Raw 中完成，更复杂的创意或者细节调整则需要继续在 Photoshop 中处理。如图 6-1 所示，Camera Raw 是 Photoshop 附带的一个非常好用的图像增效工具，诸如简单的镜头校正、二次构图、局部调整、色调处理、锐化降噪、输出储存等工作，甚至可以在不打开 Photoshop 的情况下，只是通过 Adobe Camera Raw（以下简称为 ACR）就可以完成；而 Photoshop 的优势在于抠图、合成、图层、通道、滤镜等方面的精细化复杂处理。

本章将介绍在图像校色调色流程中，通过 ACR 进行图像的全过程调整，该调整功能同样也可以在 Photoshop 中通过添加相对应的调整图层来实现。图 6-2 所示为 Camera Raw 14.0 的工作界面。

图 6-2

6.2 全局调色法

1. 正确的曝光

在理想的画面中，最亮的地方应定义为白场，最暗的地方应定义为黑场，最亮与最暗之间有着丰富的灰度层次。实际拍摄中经常出现的情况是曝光不足或过度，进而造成暗部或亮部没有细节。如图 6-3 所示，这张照片中看不出头发暗部的发丝，即本应有的丰富的暗部信息丢失，所以这张照片存在曝光不足的问题。在 ACR 中打开图片，在界面右侧适当将"曝光"滑块右移即可增大曝光，注意同时保证面部高光部分不能过曝，如图 6-4 所示。

图　6-3

图　6-4

2. 准确的白平衡

这张人物照由于环境光线的影响，整体有色偏，需要纠正成白光环境下的拍摄效果。具体做法是单击 ACR 界面右侧白平衡吸管工具 ，在人物眼睛的眼白处取样来定义白场，即可校准画面的白平衡，如图 6-5 所示。

图　6-5

　　专业人像摄影时，被拍摄的模特通常会手持灰卡来辅助拍摄。灰卡是后期进行人像色彩还原的得力工具，灰卡中的白色块是用来在画面中校准白平衡的辅助工具。如图 6-6 所示，在 ACR 中用白平衡的吸管工具在模特手持灰卡的白色块上单击，即可调整画面白平衡。同样，在 Photoshop 中也可以找到调整白平衡的吸管工具，如图 6-7 所示。白平衡调整的结果是画面中的白色块内的 R、G、B 这 3 者的值均为 255。

图　6-6

准确的白平衡

图　6-7

3. 准确的色彩还原

　　如图 6-8 所示，模特手持灰卡，灰卡中的白色块用来校准白平衡，灰色块也是进行人像色彩还原的得力工具。利用颜色取样工具 ✔ 选取色卡的灰色块，发现其 R、G、B 的值并不一样（中性灰的 R、G、B 这 3 个数值应当相等），G 值明显高出 R 值和 B 值，这说明该图片偏绿色。

　　如图 6-9 所示，在 Photoshop 中校正的快捷方法是使用"在图像中取样以设置灰场"的吸管工具，只需要在灰卡中的颜色取样点 2 处单击一下，曲线会微调，该点的 R、G、B 值会显示完全相等。若拍摄时没有灰卡，可以预估人物背景色灰度，然后利用同样的方法，也可实现色彩还原。

图 6-8

图 6-9

　　以上展示的是使用曲线矫正色偏的方式，在图像中有中性灰存在的时候，是非常方便的。但是当图像中没有可以参照的中性灰点时，可以使用曲线通过调节 RGB 的输出，手动校准偏色。针对没有中性灰的情况，相对曲线矫正而言，更方便和准确的方法是使用色彩平衡工具来进行手动的偏色校准。该工具的优点是在矫正色偏时，不会对图像的亮度产生影响，如图 6-10 所示。

图　6-10

4. 丰富合理的灰度层次

图片包含丰富的层次，多数情况下面对的问题是曝光不足或曝光过度等。图 6-11 所示是一张曝光不足的照片。但这是一张较好的照片，在 ACR 中经过增加曝光、减少高光和大幅增加提亮阴影区域，可以发现城市楼景中藏有丰富的细节，对比效果如图 6-12 所示。

对照在 Photoshop 中只需要添加一个"曲线"调整图层，在亮部区域保持不变的同时提升暗部区域亮度，就会发现原本察觉不到细节的地方被显现出来，亮部的信息依旧保留，如图 6-13 所示。

如果照片曝光过度，曝光过度的区域细节信息会完全丢失，那么无论如何增加亮光、减灰度，都无法还原。所以，欠 1 ~ 2 挡曝光或正常曝光的照片是最佳的选择，即丰富的灰度是选择照片的第一要素。

图　6-11

丰富合理的
灰度层次

图 6-12

图 6-13

5. 足够的清晰度

通常，越清晰的图片越有视觉吸引力，但过于清晰又会出现噪点。在实际操作过程中，保证清晰度的策略是将相机本身的锐化调得稍高，尤其是风景图片和人像图片；同时 RAW 格式图片的清晰度也要提高。如图 6-14 所示，打开采用双格式保存的图片，左侧是 RAW 格式，右侧是 JPEG 格式。看上去，右侧的 JPEG 格式图片似乎色彩更丰富，视觉感受更好一些，其实不然，因为丰富的灰度是好照片追求的第一要素，右侧的 JPEG 格式有损压缩在山暗部丢失了过多的细节。

足够的清晰度

1
2
3
4
5
6
7
8
9
10
11

山景 .raw　　　　　　　　　　　　　　　　山景 .jpg

图 6-14

图6-15所示的梯田图片，原片有偏色且不够清晰，在ACR中纠正白平衡后，适度提升对比度、清晰度和自然饱和度，便可还原清晰的效果。在Photoshop中可通过"亮度/对比度"菜单命令或在"图层"面板中添加"亮度/对比度"的调整图层，适当增加对比度，也可得到同样的效果，如图6-16所示。

图 6-15

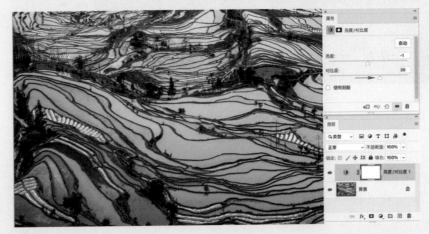

图 6-16

6. 适当的饱和度

在ACR中，有"自然饱和度"和"饱和度"两个滑块用于调节画面的鲜艳程度。对应在Photoshop中，可添加"自然饱和度"调整图层，调节"自然饱和度"滑块也可实现相同的效果，如图6-17所示。

图 6-17

适当的饱和度

6.3 案例——全局调色法

项目创设：本案例综合应用彩色图片常用的全局调色法展示典型调色的流程，在 ACR 中对人像进行校色与调色。

步骤01 打开素材文件

在ACR中打开"智慧职教"平台本课程中的"Chapter6\彩色人像-1.dng"和"彩色人像-2.dng"素材文件。在专业人像拍摄时，一般会拍摄一张如图6-18所示的带色卡的样片，用来定义白平衡和纠正色偏。

步骤02 调整曝光度，定义白平衡

对色卡样片适当增大"曝光"至不会出现直方图右上角的"高光修剪警告"提示。用白平衡工具吸取画面中色卡的白色块位置，色调值自动增大至40，如图6-19所示。

图 6-18

图 6-19

案例——全局调色法

步骤03 调整模特照片

将图6-19所示样片中的调整数值赋予模特照片，效果如图6-20所示。

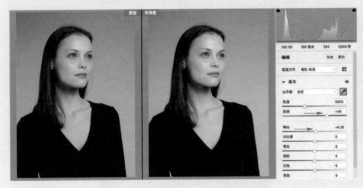

图 6-20

步骤04 调整灰度层次

适当调节曲线，稍微增大高光和提亮阴影区域，使得较暗的衣服纹理细节都尽量展现出来，如图6-21所示。

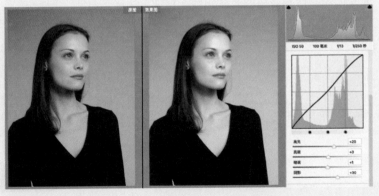

图 6-21

步骤05 增加清晰度

将"清晰度"增大至10，效果如图6-22所示。

图 6-22

步骤06 调整饱和度

将"自然饱和度"增大至20，如图6-23所示。案例原图及最终效果对比如图6-24所示。

图　6-23

图　6-24

本节内容与职业技能等级标准（初级）要求对照关系见表6-1。

表　6-1

本书章节	对应职业技能等级标准（初级）要求		
	工作领域	工作任务	职业技能要求
6.1 校色和调色	2. 图像修饰	2.1 色彩还原	2.1.1 能迅速检查图像的颜色范围及偏色数据
6.2 全局调色法			2.1.2 能熟练通过标准色卡对偏色图像进行校正
6.3 案例——全局调色法			2.1.4 能熟练使用调色方式修复影调缺陷

6.4 案例——黑白影调调色

项目创设：本案例综合应用全局调色法，对素材进行黑白影调的校色与调色。

步骤01 调整为黑白图像

在ACR中打开"智慧职教"平台本课程中的"Chapter6\陶罐-1.cr2"和"陶罐-2.cr2"素材文件。单击右侧"黑白"按钮，直接将彩色图像转换为黑白图像，如图6-25所示。

图 6-25

步骤02 调整样片曝光度和白平衡

对"陶罐-1.cr2"素材图片适当增加曝光度，调整白平衡，如图6-26所示。

图 6-26

步骤03 调整正片曝光度和白平衡

利用图6-26中的参数调整"陶罐-2.cr2"素材图片，效果如图6-27所示。

案例——黑
白影调调色

图　6-27

步骤04 调整"黑白混色器"

　　找到"黑白混色器"项，在这里可以依据原彩色图像中的色块区域来精确调整局部细节的对比度。如图6-28所示，单击右侧"灰度混合目标调整工具"按钮 🔘，在画面中找到陶罐原本的土黄色底色，按住鼠标左键左右拖曳（见图6-29），直至陶罐上的纹路更加清晰。使用相同方法依次处理其他色块。

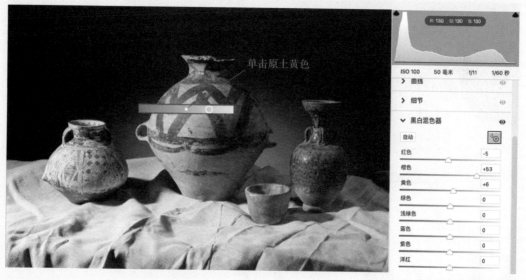

图　6-28

1
2
3
4
5
6
7
8
9
10
11

图　6-29

步骤05 降低桌布亮度

找到"曲线"项，单击右侧"参数曲线目标调整工具"按钮 ⚙，回到画面中，找到桌布上的高光部分，按住鼠标左键向左拖曳，可以发现高光部分亮度逐渐降低，对应曲线上的锚点和形状也发生相应改变，如图6-30和图6-31所示。

图　6-30

图 6-31

案例原图及最终调整效果对比如图6-32所示。

原图

效果图

图 6-32

如图6-33所示，在Photoshop中也可以实现同样的操作。只需要打开彩色陶罐图像，为其添加黑白调整图层，用抓手工具 在画面中同样通过鼠标拖曳来调整局部细节。

图 6-33

本节内容与职业技能等级标准（初级）要求对照关系见表6-2。

表 6-2

本书章节	对应职业技能等级标准（初级）要求		
	工作领域	工作任务	职业技能要求
6.4 案例——黑白影调调色	3. 图像增效	3.3 影调提升	3.3.4 能熟练使用局部控制的方式增强影调层次
			3.3.5 能熟练使用多种方法获得高品质黑白影像

6.5 图像的批量处理

批量处理，顾名思义就是使用同一套处理策略，一次性处理多张图像。其在图像处理中是一项很重要的技能，具有非常多的应用场景。例如，大部分电商平台对商户上传的商品图片大小都有要求，使用批处理功能就可以一次性将几十或上百张图片自动转换为相同的大小或质量；再比如，如果组织一场比赛，那就可能需要将几千张选手提交的照片自动调整为1英寸或2英寸的大小来进行打印，这些也都可以通过批处理来完成，甚至还可以使用批处理对一组照片进行自动抠像并存储的操作。

项目创设：在本案例中，需要将一组图像使用自定义的处理策略(在Photoshop中称为"动作")，进行统一的调色和调整大小处理。

步骤01 打开素材文件

图像的批量
处理

在Photoshop中打开"智慧职教"平台本课程中的"Chapter6\批量处理\1.jpg"
素材文件，如图6-34所示，下面将针对这张图像制作动作。

图　6-34

步骤02 开始动作录制

执行"窗口"→"动作"菜单命令，打开"动作"面板，可以看到面板中有很多预设的动
作，可以通过单击"播放选定的动作"按钮 ▶ 来执行相关的操作，如图6-35所示。所谓动作，其
实就是一系列操作的记录，这些记录被录制为动作后，可以通过重放动作来重现操作。

图　6-35

单击"新建动作"按钮，建立一个新动作，并将其命名为"批量调色输出"，如图6-36
所示。

单击"记录"按钮，在"动作"面板中可以看到出现了一个名为"批量调色输出"的新动作，并且"动作"面板底部的"开始记录"按钮 ● 处于激活状态，如图6-37所示。这时就可以开始进行调色操作了，这个操作过程会被完整地记录在动作中。

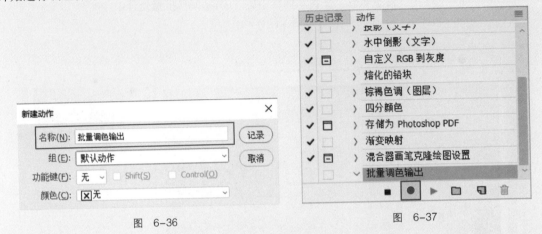

图 6-36　　　　　　　　　　　　　　　　　图 6-37

● **技巧 提示**

　　"开始记录"按钮 ▶ 在激活的情况下，可以记录在Photoshop中的每一步操作。如果出现误操作，可以单击"停止播放/记录"按钮 ■ 暂停录制，选择错误的操作后单击"删除"按钮 🗑 将其删除，然后再单击"开始记录"按钮继续记录即可。对于默认动作的修改，也可以通过删除操作和重新录制操作来进行改变。

步骤03 调色

　　步骤02是对动作进行了初始设置，本步骤是按要求进行调色。首先执行"图像"→"调整"→"亮度/对比度"菜单命令，设置亮度为"10"，对比度为"80"，增加图像的亮度与对比度，如图6-38所示。可以看到在"动作"面板中，在"批量调色输出"动作下面多了一条操作记录，如图6-39所示。

图 6-38

新建一个图层，填充暖棕色（R：252，G：163，B：68），设置图层混合模式为"颜色"，调整图层不透明度为"30%"，让图像有暖色倾向，"批量调色输出"动作如实记录了该操作，如图6-40所示。

图 6-39

图 6-40

步骤04 调整图像大小

执行"图像"→"图像大小"菜单命令，在弹出的"图像大小"面板中，设置图像宽度为"1000"，单击"确定"按钮，完成图像大小的设置，如图6-41所示。"批量调色输出"动作也如实记录了该操作，如图6-42所示。

图 6-41

将所有图层合并为一个图层，如图6-43所示。注意这一步非常重要，否则执行批处理时，因为有图层的存在，文件无法直接存储为JPG格式文件。

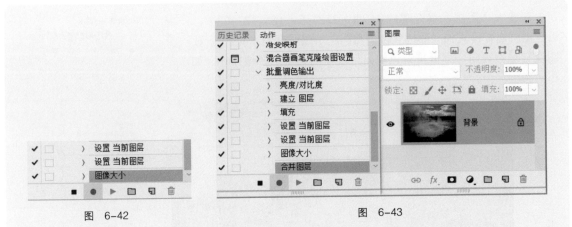

图 6-42   图 6-43

以上操作完成后，单击"停止播放/记录"按钮 ■，完成动作录制。将图片关闭，无须保存。下面将利用这个做好的动作，对所有图片进行批量处理。

● 技巧 提示

除了默认动作和手动制作的动作之外，还可以下载或购买一些动作库。在使用的时候，首先将动作库下载到计算机的硬盘上，然后单击"动作"面板右上角的快捷菜单图标 ≡，在弹出的快捷菜单中选择"载入动作"命令，就可以指定和载入外部动作。

步骤05 批量处理

批量处理的逻辑比较简单，主要包括以下4个步骤：

① 指定一个动作，即希望批处理进行什么操作。

② 选择需要处理的文件，一般是指定某个文件夹，需要处理的图片都放在该文件夹中。

③ 选择处理后的文件如何存储，比如是直接覆盖原图，或是放到新的文件夹中。

④ 设置处理后图片的命名方式。

执行"文件"→"自动"→"批处理"菜单命令，打开"批量处理"面板，如图6-44所示。

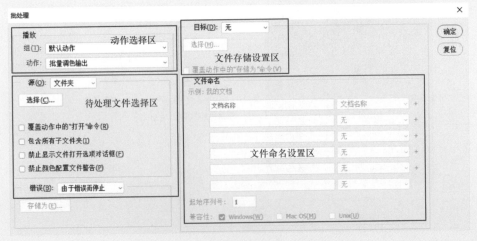

图 6-44

具体设置方法如下：

① 设置动作为"批量调色输出"，单击"选择"按钮，指定需要处理的文件夹，该文件夹中应放置了所有需要处理的图片，如图6-45所示。

② 设置"目标"文件夹，单击"选择"按钮，指定调色后文件的存储位置，注意该文件夹需要提前创建，如图6-46所示。

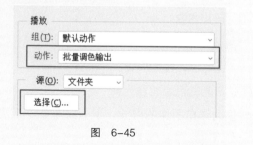

图 6-45

图 6-46

③ 将文件命名的第一栏切换为"2位数序号"，在第二栏中手动输入"风景"，将第三栏切换为"扩展名（小写）"。可以在示例中预览图像的最终命名，如图6-47所示。

④ 单击"确定"按钮，开始批处理操作，可以看到指定文件夹中的图像被依次打开和处理。处理完毕后，在指定的目标文件夹中可以看到已调整并命名的图像文件，如图6-48所示。

图 6-47

图 6-48

本节内容与职业技能等级标准（初级）要求对照关系见表6-3。

表 6-3

本书章节	对应职业技能等级标准（初级）要求		
	工作领域	工作任务	职业技能要求
6.5 图像的批量处理	4. 图像输出	4.1 批量处理	4.1.1 能根据处理需要建立和设定动作
			4.1.2 能载入和修改外部处理动作
			4.1.3 能判断符合自动化批处理的工作场景
			4.1.4 能熟练对组图进行自动化批处理操作

6.6　课后练习

一、选择题（共5题），请扫描二维码进入即测即评。

6.6 课后练习

1. 在 Photoshop 中有很多种调色命令，其中可以进行亮度层次调节的调色命令是
（　　）。

A. 色彩平衡　　　　　　　　　　　B. 曲线

C. 色调分离　　　　　　　　　　　D. 照片滤镜

2. 下列关于色温的描述中，正确的是（　　）。

A. 高色温，图像偏暖　　　　　　　B. 低色温，图像偏暖

C. 黄光的色温比蓝光高　　　　　　D. 白光的色温比蓝光高

3. 在 Photoshop 中提供了多种彩色图像转换为黑白图像的方式，下列菜单命令无法完成黑
白转换操作的是（　　）。

A. 图像→调整→去色　　　　　　　B. 图像→模式→灰度

C. 图像→模式→灰度　　　　　　　D. 图像→调整→曲线

4. 用颜色取样工具测得图像中性灰位置的 R、G、B 值分别为 100、135、100，该数值说明
（　　）。

A. 图像偏红　　　　　　　　　　　B. 图像偏绿

C. 图像偏蓝　　　　　　　　　　　D. 图像不偏色

5. 在没有色卡时，中性灰校色也可以通过吸取图中的灰色物体来实现。如图 6-49 所示，左
图为原图，右图为调整后的效果，下列调色命令可以通过指定中性灰自动校准偏色的是（　　）。

A. 色阶　　　　　　　　　　　　　B. 色彩平衡

C. 色调分离　　　　　　　　　　　D. 照片滤镜

图　6-49

二、判断题（共2题）

1. 在曲线调色过程中，曲线操纵节点越多，调整的也就越细致，效果也会越好。　（　　）

2. 如图 6-50 所示，对左图使用"色相/饱和度"菜单命令，可以达到右图所示的调整亮度
和颜色的效果。　（　　）

图 6-50

三、实操题

对图 6-51 中的风景照片进行全局调色。

原图

效果图

图 6-51

图解步骤：

Chapter

材质

　　有了 Photoshop，在照片中"移花接木"的事情会变得很简单，但想让人看不出瑕疵却不容易，尤其在材质的处理上。大自然中蕴含着丰富而生动的肌理，远比人们费力用滤镜等技术堆砌起来的要真实易用。本章主要介绍如何将一个对象的肌理"移花接木"到另一个对象上，以及需要考虑的相关技术细节。

学习要求	知识技能点	学习目标			
		了解	掌握	熟练	运用
	材质的常规创作思路	⚑			
	通过对贴图的处理置换材质				⚑
	通过混合手段融合材质			⚑	

能力与素质
目标

7.1 材质的分类

　　广告与海报等艺术创作通常使用同构的手法，即在不同对象之间建立联系，常用的方法有3种：置换、异形和异质同构。

　　置换：强调对象的某一局部完全被另一不相关的对象替代，如图7-1~图7-4所示。

图 7-1

图 7-2

图 7-3

图 7-4

　　异形：强调对象延展或演变出具有新的非常规的形状，如图7-5~图7-8所示。

图 7-5

图 7-6

图　7-7　　　　　　　　　　　　　　图　7-8

　　异质同构：是指将两个或两个以上带有独立信息的图形按照一定的规律加以构成、排列、融汇、组合而得出的全新图形，如图7-9和图7-10所示。异质同构是广告中的重要表现手段，如图7-9中的植物与乐器、手臂与木头两类不相关的事物有悖常规地融合在一起，巧妙新颖，可以使观者主动发挥自身广阔的想象空间，并让画面的情感诉求更为强烈。异质同构手法的关键之处在于能营造出"整体大于部分之和"的非现实主题，达到形有限而意无穷的效果。

　　在Photoshop中进行异质同构的艺术创作时，需要强调3个要素：立体感、过渡和细节。

图　7-9　　　　　　　　　　　　　　图　7-10

7.2　案例——异质同构

　　项目创设：通过本案例学习异质同构的处理手法，将模特身体部分用斑驳的墙体材质来替代，模仿人由墙生成的视觉效果。

步骤01 打开文件并替换身体材质

　　在Photoshop中打开"智慧职教"平台本课程中的"Chapter7\斑驳的墙与人.psd"素材文件。如图7-11所示，新建图层，命名为"身体材质"。使用仿制图章工具在墙体处选择取样点，逐步将人的身体用周围的墙体材质代替。注意，在属性栏中设置"样本"为"当前和下方图层"。

案例——异质同构（1）

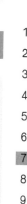

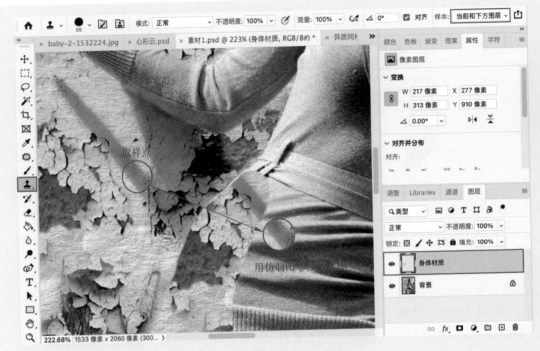

图 7-11

步骤02 跨文件设置取样点

当使用邻近墙体覆盖人体时，会极易被识别出，为体现出既相似又有差异，可以从另外拍摄的墙体系列图片中取样，例如打开"素材4. jpg"文件（可从"素材2. jpg""素材3. jpg"或"素材4. jpg"文件中任意选择），在图片中间取样，然后回到主文件画布中，继续使用仿制图章工具修饰，如图7-12所示。在绘制过程中可视需要灵活更改设置取样点，使人体部分的材质与邻近墙体的过渡自然，从而保持一致，效果如图7-13所示。

图 7-12

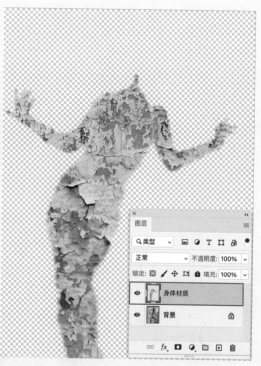

图 7-13

步骤03 利用通道找回人体立体感

步骤02得到一个"平面"的材质身体,还需要营造出身体的立体感。如图7-14所示,打开"通道"面板,分别查看背景图层的"红"(R)、"绿"(G)和"蓝"(B)通道,观察人物身体部分的明暗关系。可以发现人物身体各部分灰度信息并非集中表现在某个特定通道,所以采取将人物身体划分成若干区域,分别选择通道进行调整。

案例——异质同构(2)

图 7-14

步骤04 利用绿通道找回画面视角左侧胳膊立体感

按照画面上从左向右的顺序,先从画面左侧胳膊部位开始,如图7-15所示。这部分的明暗关系选择"绿通道"表现比较充分(主要看灰度细节是否丰富),下面将这部分的暗部信息提取出

1
2
3
4
5
6
7
8
9
10
11

来。如图7-16所示，将"绿"通道复制出一个透明通道"绿 拷贝"。选中该通道，调出"色阶"面板，调整滑块，使灰色细节尽量丰富，但要避免大面积的黑块，调整的时候只聚焦在红色虚线框内的胳膊部分，完成后单击"确定"按钮。

图 7-15

图 7-16

将通道转换为选区，这时的选区是通道里白色的区域，执行"反选"操作，将通道里的暗部选择出来。回到RGB三色视图模式，如图7-17所示，新建图层"胳膊暗部"，用黑色画笔将胳膊处的暗部绘制在新图层里，这里画笔的属性设置可参照图中所示，重点在于把硬度和不透明度都降低，尝试反复涂抹，不要涂得过黑。在绘制过程中，其实是在选区中绘制的，为方便起见，可以选择"保留选区但隐藏蚂蚁线显示"的模式，如图7-18所示，在菜单栏中选择"视图"→"显示"→"选区边缘"菜单命令，取消"√"即可。

注意：在该步骤的绘制完成后，要释放选区，以免影响后续操作。

图 7-17

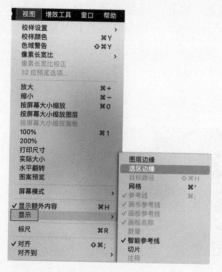

图 7-18

图 7-19

步骤05 利用绿通道找回画面中颈部立体感

　　颈部的明暗关系也是选择"绿"通道表现比较充分,如图7-19所示,但不能使用上面已有的"绿 拷贝"通道,因为色阶的调整结果是不一样的。下面将这部分的暗部信息提取出来。如图7-20所示,将"绿"通道再次复制出一个透明通道"绿 拷贝2"。选中该通道,调出"色阶"面板,调整滑块,使灰色细节尽量丰富,但要避免大面积的黑块,调整的时候只聚焦在红色虚线框内的颈部部分,完成后单击"确定"按钮。

1
2
3
4
5
6
7
8
9
10
11

图 7-20

与步骤04相同，将通道转换为选区，再执行"反选"操作，将颈部通道里的暗部选择出来。回到RGB三色视图模式，如图7-21所示，新建图层"颈部暗部"，用黑色画笔将颈部处的暗部绘制在新图层里，这里画笔的属性设置可参照图中所示，尝试反复涂抹，不要涂得过黑，注意尽量不要显露头发和衣领的编织纹理。绘制完成后要释放隐藏的选区。

图 7-21

步骤06 利用蓝通道找回画面中右胳膊立体感

　　画面右侧胳膊的明暗关系选择"蓝"通道表现比较充分，下面将这部分的暗部信息提取出来。如图7-22所示，将"蓝"通道复制出一个透明通道"蓝 拷贝"。选中该通道，调出"色阶"面板，调整滑块，使灰色细节尽量丰富，但要避免大面积的黑色块，调整完成后单击"确定"按钮。

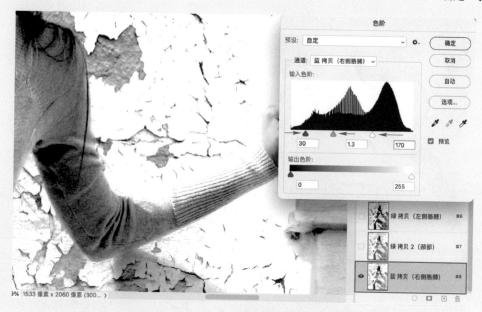

图　7-22

　　同前面的方法一样，将通道转换为选区，再执行"反选"操作，将右侧胳膊通道里的暗部选择出来。回到RGB三色视图模式，如图7-23所示，新建图层"右侧胳膊"，为方便管理，将暗部图层统一编组到"暗部"文件夹内管理。用黑色画笔将胳膊处的暗部绘制在新图层里，此处的阴影区域稍重，这里画笔的属性设置可参照图中所示。绘制完成后释放隐藏的选区。

图　7-23

225

步骤07 利用蓝通道找回身体中段立体感

身体中段这部分明暗关系也是选择"蓝"通道表现比较充分，下面将这部分的暗部信息提取出来。如图7-24所示，将"蓝"通道再次复制出一个透明通道"蓝 拷贝2"。选中该通道，调出"色阶"面板，调整滑块，使灰色细节尽量丰富，但要避免大面积的黑色块，调整的时候只聚焦在红色虚线框内的身体中段部分，完成后单击"确定"按钮。绘制完成后释放隐藏的选区。

图 7-24

同前面的方法一样，将通道转换为选区，再执行"反选"操作，将身体中段通道里的暗部选择出来。回到RGB三色视图模式，新建图层"身体中段"，用黑色画笔将这个区域的暗部绘制在新图层里，这里注意绘制到透出衣服褶皱感，但不需要明显显现腰带纹理的程度，画笔的属性设置可参照图7-25中所示。绘制完成后释放隐藏的选区。

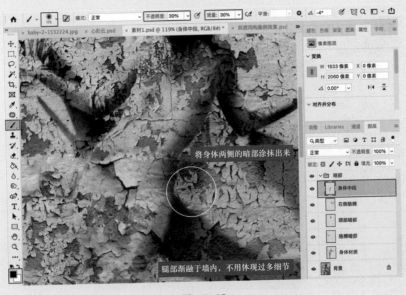

图 7-25

身体整体暗部添加后的效果如图7-26所示,有了初步明暗关系,这样身体立体感就显现出来了。

图 7-26

步骤08 添加整体亮部

暗部添加完后,立体的基本感觉就出来了。但此时整个画面显得过于暗淡,因为亮的地方不够亮,所以接下来需要加强亮部信息,来建立更强烈的立体感。

回到原始素材文件,观察3个通道,亮部细节比较充分的还是"蓝"通道。如图7-27所示,将"蓝"通道复制出一个透明通道"蓝 拷贝 3"。选中该通道,调出"色阶"面板,调整滑块,使身体亮部的区域里灰色细节尽量丰富,且足够亮,调整完成后单击"确定"按钮。

图 7-27

案例——异质
同构(3)

1
2
3
4
5
6
7
8
9
10
11

227

调出该通道的选区，因为绘制的是"亮部"，所以这里不再执行"反选"操作，直接选出白色的区域。回到RGB三视图，新建图层"亮部"，保留选区，隐藏蚂蚁线，把画笔颜色调整为白色，参数参考图7-28，用画笔涂抹身体的亮部区域，进一步加亮。

步骤09 利用图层混合模式融合亮暗细节

添加亮部后，会发现画面像蒙上一层不透明的白色，覆盖住了清晰的纹理。可以通过使用混合颜色带来解决这个问题。双击"亮部"图层，打开"图层样式"面板，如图7-29所示，在下方"混合颜色带"项中选中"灰色"，将下方黑色滑块向右滑动至160，可发现下方图层的裂纹暗部向上发生了硬混合，逐渐清晰起来，单击"确定"按钮。添加效果的前后对比如图7-30所示。

> **● 技巧 提示**
>
> 混合颜色带可以根据本图层或下一图层像素的亮度或某通道颜色值，决定本图层上相应位置的像素是否呈现透明。

图 7-28

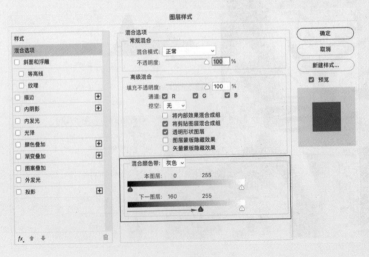

图 7-29

图　7-30

步骤10 补充脸部裂纹细节

　　如图7-31所示，新建图层"脸部裂纹"，利用仿制图章工具从头部右上方墙体裂缝处取样，在脸部皮肤处绘制出裂纹，并将该图层混合模式设置为"正片叠底"，将"不透明度"降低到80%，如图7-32所示。

图　7-31

图　7-32

步骤11 整体修饰局部裂纹

如图7-33所示，新建组"补充细节"，再新建图层"裂纹细节"。选择仿制图章工具，对身体轮廓与墙面连通处的几处裂纹进行细节增加和修饰。这部分工作非常琐碎，但是对于增加细节逼真感非常有效。

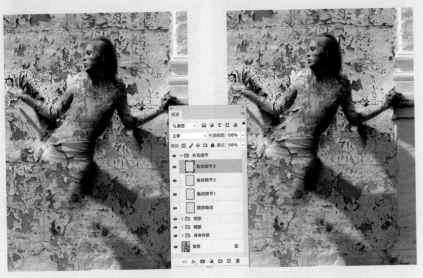

图 7-33

步骤12 面部调色，匹配环境色

如图7-34所示，添加"可选颜色"调整图层，在"颜色"下拉列表框中选择"红色"选项，向右调整"青色"滑块，加青至36%。画面墙壁整体色调是偏青绿的冷色调，人面部的暖色光泽和墙体色、环境色不匹配，所以需要将"红色"适当加青，使皮肤色和环境色一致。

图 7-34

步骤13 整体调色（选择添加）

如图7-35所示，添加色彩平衡，调整图层，可根据需求将作品进行整体色调的调整。原图及最终效果如图7-36所示。

图　7-35

图　7-36

7.3　课后练习

一、选择题（共5题），请扫描二维码进入即测即评。

1. 下列工具中，没有提供混合模式设置的是（　　　）。

A. 画笔工具

B. 仿制图章工具

7.3 课后练习

C. 铅笔工具　　　　　　　　　　　D. 钢笔工具

2. 仿制图章工具在新建的空图层中绘制并没有产生效果，其原因和解决方法分别是（　　　　）。

A. 模式选择错误，可以换成正片叠底模式

B. 没有取样范围，可以按住 Ctrl 键设置取样点

C. 图层选择错误，必须选择背景图层

D. 图章样本选择错误，应该选择当前和下方图层

3. 如图 7-37 所示，将输入色阶左侧的黑色滑块向右侧拖动，图像的变化是（　　　　）。

A. 图像阴影部分会减弱　　　　　　B. 图像高光部分会增加

C. 图像阴影部分会增加　　　　　　D. 图像整体明度会增加

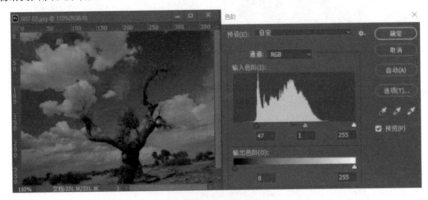

图　7-37

4. 如图 7-38 所示，使用（　　　　）混合模式可以让图层 1、2、3 叠在一起达到左图中的效果。

A. 滤色　　　　　　　　　　　　　B. 叠加

C. 正片叠底　　　　　　　　　　　D. 色相

图　7-38

5. 如图 7-39 所示，当图像偏绿时，在"色彩平衡"中增加（　　　　）颜色可以使左图达到右图的效果。

A. 蓝色　　　　　　　　　　　　　B. 绿色

C. 黄色　　　　　　　　　　　　　D. 洋红

图　7-39

二、判断题（共 3 题）

1. 在 Photoshop 中，可以给图层组设置混合模式和剪贴蒙版。　　　　　　（　　　）

2. 在调色时，色阶命令只能够调整图像的明暗变化，而不能调整图像的颜色。　（　　　）

3. 如图 7-40 所示，只有可选颜色能在不影响其他颜色的情况下，针对某一颜色进行调色处理。

（　　　）

图　7-40

三、实操题

将图 7-41 中的 3 张素材图片鸡蛋、气泡和蛋黄合成为一张效果图。

素材图

效果图

图 7-41

图解步骤：

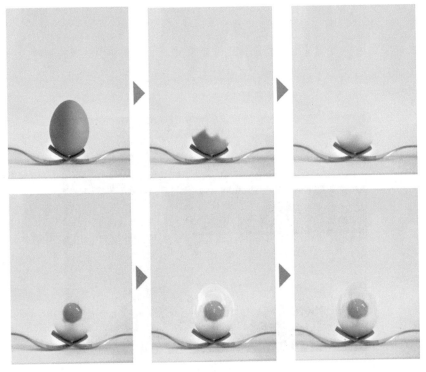

案例篇

Chapter 8

创意合成

 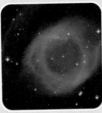   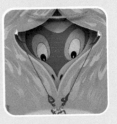

本章通过综合使用 Photoshop 技术，将多种来源的素材统一规划、整合，完成一幅从无到有的创意合成作品。本章使用技术手段比较综合，涵盖各类常用抠像手段，以及调色、混合模式等技术。此外，创意合成领域的作品尤其要注重创意的独特性和合成效果的超现实感，这也是需要在反复的练习中逐步体会的。

	知识技能点	学习目标			
		了解	掌握	熟练	运用
学习要求	创意合成的基本概念和操作方法	⚑			
	对合成素材进行修瑕及抠像处理			⚑	
	对合成素材进行有效拼合			⚑	
	对合成素材进行调色及融合处理				⚑
	对场景进行整体统一影调处理				⚑

能力与素质
目标

8.1 创意合成的基础知识

创意的实现取决于人们的想象力和技能储备，也正是因为创意通常起源于想象力，和创意相关的工作经常会呈现超现实特点。创意合成，就是这样一类需要创作者带着想象力去思考而且要求技术较为全面、能够将想象的世界视觉化呈现出来的领域。

创意合成的应用领域非常广泛，可以说和图像处理相关的工作，都需要用到创意合成。尤其是在制作一些需要视觉冲击力的图像时，比如本案例所展示的电商海报，创意合成是贯穿始终的关键手段。

完整的创意合成流程主要由项目分析、设计草稿、素材收集、素材处理（修瑕、抠像等）、素材拼合、色彩统一、质感统一、影调提升、风格营造以及按需输出等环节组成。

在实际工作中，这些环节有时会按照步骤进行，有时也会交叉进行，视项目具体要求而异。

创意合成涉及的技术比较多，主要有修瑕疵相关技术、抠像相关技术、变形相关技术、混合相关技术、调色相关技术、通过滤镜创建纹理和元素的技术等。

8.1.1 创意合成的特点 ▼

1. 来源于创意

创意合成首先来源于创意，需要设计师在大脑中构建一个完整的超现实场景。一般情况下，设计师需要组织灵感、勾勒草图，得到创意合成作品的雏形。这一步是最重要的，也决定了整个项目的方向。

2. 来源于素材

创意合成来源于素材，即合成并不是无中生有的工作，是将素材有机组织的过程。在工作中，需要根据设计草图收集相关的素材。素材一定要注意来源，要选择有版权的素材，如根据草图要求自行组织拍摄，或在正规图库购买。

3. 来源于定位

创意合成由于其趣味性和表达性，很多设计师会自发进行创作。但更多的合成项目服务于商业，设计师在创作时一定要注意始终围绕商业项目的定位，不能因主观情感而偏离。

8.1.2 创意合成的原则 ▼

1. 合理性原则

创意合成首先要注意真实感，或者说合理性。这里的真实感并非是场景在真实世界必须存在，而是必须使元素的组织合理化，即具有视觉上的真实感，如颜色、质感、合理匹配、大小、虚实等空间营造、元素轻重、软硬等的合理考虑，以及光源、明暗、投影等关系的高度统一。处理这些关系是创意合成中最困难、最关键的部分。

2. 美观性原则

创意合成要注意美观性，如在组织多个元素时构图关系的处理，对空间影调层次关系的处理，对元素间色彩关系的处理，以及对整个色彩风格的处理等。

3. 适用性原则

创意合成在制作前要注意投放渠道，不同的投放渠道适合不同的制作规格。比如大型出街广告，由于打印尺寸非常大，就需要注意特别微小的细节，同时对素材分辨率也有较高的要求；而如果用在电商等网络媒体展示，则可以整体降级处理。

8.2 创意合成经典案例欣赏

实践●提高

8.3

● 难易程度

★ ★ ★ ★

星云宝盒创意合成

❯项目创设

　　本案例介绍个人小品作品从创意到合成的完整制作过程，学习整体统一、细节完善的合成思维方法。最终效果如图8-1所示。

❯创作思路

　　本实例利用8张素材图片合成虚实结合的有天马行空想象力的场景。首先在头脑中构建画面草图，处理拍摄素材，将画面元素烟雾、热气球、帆船、宇宙光芒等素材分别进行抠像，放到画面中，与画面融合，最后进行整体调色。

图 8-1

素材：“智慧职教”平台本课程中的“Chapter8\8.3 星云宝盒创意合成”。

案例制作步骤 ▽

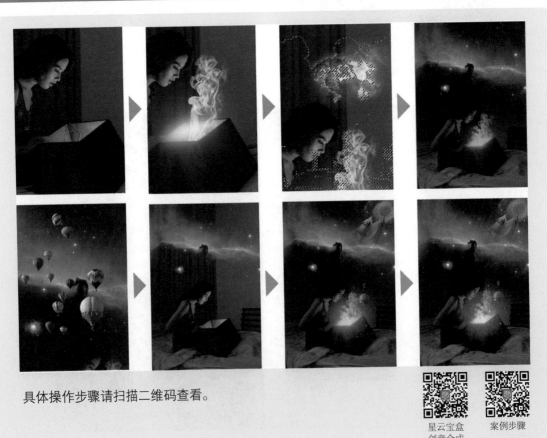

具体操作步骤请扫描二维码查看。

星云宝盒
创意合成

案例步骤

本节内容与职业技能等级标准（初级）要求对照关系见表8-1。

表　8-1

本书章节	对应职业技能等级标准（初级）要求		
	工作领域	工作任务	职业技能要求
Chapter 8 创意合成	3. 图像增效	3.4 图像合成	3.4.1 能熟练地将不同来源的素材合成为新图像
			3.4.4 能对各组合元素的影调及质感进行全局匹配

8.4　课后练习

一、选择题（共5题），请扫描二维码进入即测即评。

1. 如图 8-2 所示，在进行合成工作时，发现素材的接合处较为粗糙，下列操作可以有效融合素材边缘的是（　　　）。

A. 建立图层蒙版，然后用画笔融合边缘

B. 使用色彩范围命令选出白边，然后按 Delete 键删除

C. 选择→修改→扩展

D. 选择→修改→收缩

图　8-2

2. 如图 8-3 所示，左图和右图为素材，中间为合成效果，为了达到合成效果，最可能使用的操作是（　　　）。

A. 羽化填充

B. 图层混合模式→滤色

C. 滤镜特效

D. 画笔绘制

8.4 课后练习

图　8-3

3. 图 8-4 所示为一张使用多个素材完成的创意合成图，在其合成过程中非必须执行的操作是（　　　）。

A. 抠像

B. 调整元素大小

C. 调色

D. 添加图层样式

1
2
3
4
5
6
7
8
9
10
11

图 8-4

4. 图 8-5 中的左上图为原图，因为合成需要在左下图中创建近实远虚的景深效果。左下图可能使用了（　　　）滤镜。

A. 动感模糊　　　　　　　　　　B. 高斯模糊

C. 特殊模糊　　　　　　　　　　D. 径向模糊

图 8-5

5. 在很多种情况下，可以通过利用混合模式的特性来完成类似抠像的效果。如图 8-6 所示将飞鸟合成到右边的黑白场景中，下列步骤中（　　　）不是必需的。

A. 设置飞鸟层混合模式为正片叠底　　　B. 用曲线将飞鸟层的天空部分调为纯白

C. 使用色相 / 饱和度做去色处理　　　D. 设置飞鸟层混合模式为滤色

图 8-6

二、判断题（共 2 题）

1. 如图 8-7 所示，在 Photoshop 中，执行"自由变换"时的参考点也是变换时旋转和缩放的中心。　　　　　　　　　　　　　　　　　　　　　　　　　　　　（　　）

2. 如图 8-8 所示，在设计一个渐变效果时，渐变的每一个滑块都可以单独设置混合模式。
　　　　　　　　　　　　　　　　　　　　　　　　　　　　　　　　　（　　）

图　8-7

图　8-8

Chapter 9

9

标志设计

　　本章主要对标志设计进行介绍。通过对相关基础知识及典型案例进行讲解，读者可了解标志的特点和设计原则，以及设计时所需要使用的工具。通过对实例制作的过程进行分析和讲解，读者会对 Photoshop 有进一步的了解，从而为今后的设计工作打下良好的基础。

	知识技能点	学习目标			
		了解	掌握	熟练	运用
学习要求	标志设计的特点及设计原则	▶			
	制作辅助标志设计的图案底图			▶	
	对图案底图进行路径勾勒处理				▶
	对图形进行填色及完稿处理			▶	

能力与素质
目标

9.1　标志设计的基础知识

　　标志是表明事物特征的记号，它以单纯、显著、易识别的物象、图形或文字符号为直观语言，除可以标识或代替具体事物之外，还具有表达意义、情感和指令行动等作用。

　　标志作为人类直观联系的特殊方式，在社会与生产活动中无处不在，而且在国家、企业乃至个人的根本利益方面也越来越显示出极其重要的独特功用。例如，国旗、国徽作为一个国家形象的标志，具有任何语言和文字难以确切表达的特殊意义。公共场所标志、交通标志、安全标志、操作标志等，对于指导人们进行有秩序的正常活动、确保生命财产安全等具有直观、快捷的功效（见图9-1）。商标、店标、厂标等专用标志对于发展经济、创造效益、维护企业和消费者权益等具有重大实用价值和法律保障作用。各种国内外重大的活动、会议、运动会，以及邮政运输、金融财贸、机关团体乃至个人等几乎都有表明自己特征的标志，这些标志从各种角度发挥着沟通、交流和宣传的作用，推动社会经济、政治、科技、文化的进步，保障各自的权益。随着国际交往的日益频繁，标志的直观、形象、不受语言文字障碍等特性非常有利于国际间的交流与应用，因此国际化标志得以迅速推广和发展，并成为视觉传达最有效的手段之一，成为人类共通的一种直观联系工具。

警告标志简谱

（警告车辆、行人注意危险地点的标志）

上陡坡	下陡坡	两侧变窄	右侧变窄	左侧变窄
窄桥	双向交通	注意行人	注意儿童	注意牲畜

图　9-1

9.1.1　标志的特点 ▼

1. 功用性

　　标志的本质在于它的功用性。经过艺术设计的标志虽然具有观赏价值，但标志不是主要为了供人观赏，而是为了实用。标志是人们进行生产活动和社会活动必不可少的直观工具。

2. 识别性

　　标志最突出的特点是各具独特面貌且便于识别，标识事物自身特征、标识事物间不同的意义、区别与归属是标志的主要功能。各种标志直接关系到国家、集体乃至个人的根本利益，决不能相互雷同、混淆，以免造成错觉。因此标志必须特征鲜明，令人一眼即可识别并且过目不忘。

3. 显著性

显著性是标志的又一重要特点。除隐形标志外，绝大多数标志的设置就是要引起人们的注意。因此，色彩强烈醒目、图形简练清晰是标志通常具有的特征。

4. 多样性

标志种类繁多，用途广泛，从应用形式、构成形式、表现手段来看，都有着极其丰富的多样性。其应用形式不仅有平面的，还有立体的；其构成形式有直接利用物象的，有以文字符号构成的，有以具象、意象或抽象图形构成的，也有以色彩构成的。多数标志都是由几种基本形式组合而成的。

5. 艺术性

凡经过设计的非自然标志都具有某种程度的艺术性，这样既符合实用要求，又符合美学原则，给人以美感，是对其艺术性的基本要求。一般来说，艺术性强的标志更能吸引和感染人，给人以强烈和深刻的印象。

6. 准确性

标志无论要说明什么、指示什么，无论是寓意还是象征，其含义必须准确。标志首先要易懂，符合人们的认知心理和认知能力；其次要准确，避免意料之外的多解或误解，尤其需要注意禁忌。让人在极短的时间内一目了然、准确领会，这正是标志优于语言、快于语言的长处。

7. 持久性

标志与广告或其他宣传品不同，一般都具有长期使用的价值，不轻易改动。

9.1.2 标志设计的原则 ▽

标志是日常生活中应用得最广泛、出现频率最多的一类要素，它是所有视觉设计要素的主导力量，是所有视觉设计要素的核心。设计标志项目时，应充分把握好以下几个原则：

① 标志在企业识别系统的各个要素展开设计中居于重要的地位，而且是必不可少的构成要素，扮演着决定性、领导性的角色，并综合运用了其他视觉传达要素。

② 标志是通过整体的规划与精心设计所产生的造型符号，具有个性独特的造型和强烈的视觉冲击力，因此应该重点突出其识别效果。

③ 标志是企业统一化的表示，在当今消费意识与审美情趣急剧变化的时代，人们追求时尚的心理趋势使标志面临着时代意识的要求。

④ 标志会出现在不同的场合，涉及不同的传播媒体，因此它必须有一定的适合度，即具有相对的规范性和弹性变化。

⑤ 标志是企业经营抽象精神的具体表征，代表着企业的经营理念、经营内容和产品的本质。

⑥ 标志必须具有良好的造型，这不仅能大大提高标志在视觉传达中的识别性与记忆值，提高传达企业情报的功能，而且还能加强人们对企业产品或服务的信心及企业形象的认同，同时也能大大提高标志的艺术价值，给人们以美的享受。

⑦ 标志设计必须要考虑到它与其他视觉传达要素的组合运用，因此必须满足系统化、规格化、标准化的要求，进行必要的应用组合，以避免非系统性的分散和混乱，避免产生负面效果。

9.2 标志设计经典案例欣赏

实践●提高

9.3

● 难易程度

★ ★ ★

麋鹿标志设计

❯项目创设

通过身边的事物设计出来的作品往往更容易打动消费者，本实例结合麋鹿的素材图片，通过组形重合的设计手法，将照片矢量化处理，得到完美的标志设计。最终效果如图9-2所示。

❯创作思路

本实例首先将素材图片裁剪到合适大小，然后将图像对比度调高，再利用钢笔工具制作出明暗选区，最后填色及绘制外框。

图 9-2

1
2
3
4
5
6
7
8
9
10
11

 素材："智慧职教"平台本课程中的"Chapter9\9.3 麋鹿标志设计"。

案例制作步骤 ▽

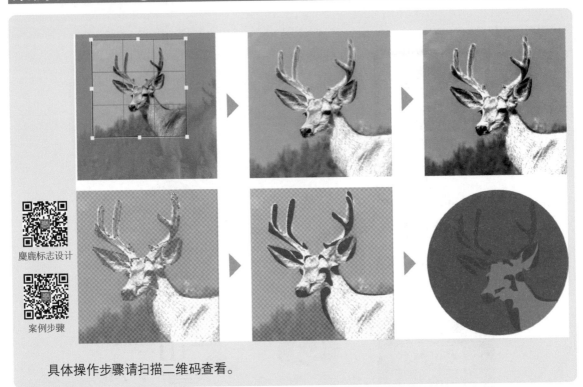

麋鹿标志设计

案例步骤

具体操作步骤请扫描二维码查看。

9.4　动物类标志设计赏析

　　拓展一下思路，目前国内和国外很多互联网等新兴领域的公司和品牌，都偏好使用某种动物作为品牌标志，如淘宝、京东等，既体现公司的活力特性，也能吸引更多年轻的消费者群体注意。下面列举一些动物类标志案例，希望读者能够从中获得启发。

9.5 课后练习

一、选择题（共 5 题），请扫描二维码进入即测即评。

9.5 课后练习

1. 下列关于标志设计的描述中，错误的是（ ）。

A. 标志需要有较强的识别性   B. 标志设计最重要的是艺术性

C. 标志需要承载一定的功能   D. 标志需要有准确的含义

2. 在彩色图片转换为黑白图片时，下列命令无法完成增强层次对比的是（ ）。

A. 色阶   B. 曲线

C. 黑白   D. 色相 / 饱和度

3. 下列关于将选区填入像素的说法中，错误的是（ ）。

A. 可以使用 Alt+Backspace 快捷键进行前景色填充

B. 可以使用 Ctrl+Backspace 快捷键进行背景色填充

C. 可以使用油漆桶工具单击选区进行背景色填充

D. 可以使用油漆桶工具单击选区进行前景色填充

4. 选中工作路径，使用（ ）快捷键可以将路径变成选区。

A. Ctrl +Enter   B. Shift+Backspace

C. Alt+Enter   D. Ctrl+J

5. 路径的运算在进行标志设计时经常会被使用，为了做出如图 9-3 所示的效果，当绘制第二条路径的时候，需要选择（ ）路径操作。

A. 排除重叠形状   B. 合并形状

C. 减去顶层形状   D. 与形状区域相交

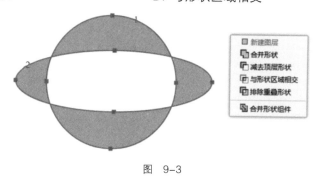

图 9-3

二、判断题（共 2 题）

1. 如图 9-4 所示为矩形裁切框，也可以通过设置裁剪工具直接将图像进行圆形裁切。（ ）

2. 如图 9-5 所示，在路径面板中，会显示路径的缩略图，其中白色是有作用路径区域，灰色是无作用路径区域。 （ ）

图 9-4

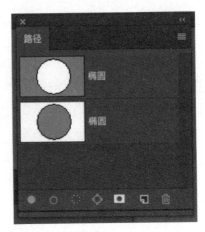

图 9-5

Chapter 10

海报设计

　　海报是一种信息传递的艺术手段，也是一种大众化的宣传工具。海报设计必须有一定的号召力与艺术感染力，要调动形象、色彩、构图、形式感等因素形成强烈的视觉效果。它的画面应有较强的视觉中心，应力求新颖、单纯，还必须具有独特的艺术风格和设计特点。

	知识技能点	学习目标			
		了解	掌握	熟练	运用
学习要求	海报类型及设计方法	🚩			
	对设计元素进行风格化处理				🚩
	为主体创建合适的背景环境			🚩	
	为海报添加立体文字		🚩		

能力与素质
目标

10.1 海报设计的基础知识

　　人们的生活与广告有着密切的关系，因此海报广告的作用是巨大的，它无形的号召力不仅可以让人们了解更多的产品信息，还可以让人们知道当今的时尚动态，使人们的生活变得更加精彩。当然，海报设计基于它的应用场景，只有成功地传达图片内容的文字，并把它和相应的图片放在一起，使它们相得益彰，共同传达一致的理念，才可以得到更好的效果。

10.1.1 海报的分类 ▽

1. 社会公益海报

　　社会公益包括道德观念、市容卫生、社会服务、福利事业、医疗救护、治安消防、环境保护等。这类海报具有特定的对公众的教育意义，其海报主题包括各种社会公益、道德或政治思想的宣传，弘扬爱心奉献、共同进步的精神等。图10-1和图10-2所示为典型的社会公益海报。

　　社会公益广告可促进社会精神文明建设，传递的信息都是公益性的，是一种非营利性的广告。这类广告经常会通过高度艺术化的概括、巧妙含蓄的比喻、适度的夸张等手法，向公众输送某种文明道德观念。"感动而非说教"是社会公益广告创作的最高境界，也是社会公益海报创作的一个方向。

图 10-1

图 10-2

2. 文化宣传海报

　　文化宣传海报包括文艺、教育、新闻、出版、体育、旅游、戏剧、电影、文物保护、科技成果等各种社会文娱活动及各类展览的宣传海报。展览的种类很多，不同的展览都有其各自的特点，设计师需要了解展览和活动的内容，才能运用恰当的表现方法。图10-3所示为文化宣传海报。

3. 商品海报

商品海报是指宣传产品或商业服务的商业广告性海报。在这个商品日益丰富的时代，当人们在超市里选购商品时，或翻阅报纸杂志、在网上购物时，经常会与各种各样的标志、品牌和广告相遇，到处都有精心设计的广告海报。任何一个品牌从无到有、从弱到强，直至最后成为行业巨头，都是伴随着品牌海报的发展而形成的。图 10-4 所示为某一商品海报。

海报按表现形式可分为单幅海报、系列海报、组合海报、POP 海报等。海报的内容可以刻意煽情，营造某种氛围，也可以记录真实的生活，而在海报中适当地添加幽默成分，会使人们对其产生兴趣，进而增强对产品的好感。总之，海报内容应该贴近生活，从而鲜明、有效地将意念传达给受众，与消费者产生共鸣，这便是海报互动性的表现。

图 10-3

图 10-4

10.1.2　海报设计创意 ▽

海报属于平面媒体的一种，没有音效，没有动画，只能借着形与色的有机结合来传达信息，所以其要点是对于色彩和布局方面的设计。通常，海报会张贴在人流量较大的地点，人们看海报的时间很短暂，在 2 ～ 5 秒内便想获知海报的内容，所以色彩中明度的适当提高、应用心理色彩的效果、选择美观与装饰的色彩等都有助于效果的传达，这样才能实现海报说服、指认、传达信息以及审美的功能。在设计海报时，首先要确定主题，其次进行构图与色彩的设计，最后选择技术手段制作出海报并对其充实完善。一般来说，海报的设计有以下要求。

1. 立意要好

海报设计虽然需要采用艺术创作的某些方法和手段，但最为重要的仍然是创意的意义与内涵。优秀的海报需要事先预知观赏者心理的反应与感受，这样才能使传达的内容与观赏者产生共鸣，如图 10-5 所示。好的海报设计需要有好的立意，所以应注意以下几点。

① 色彩鲜明：即采用能吸引人们注意的色彩形象，运用色彩的心理效应，强化印象的用色技巧。

② 构思新颖：要用新的方式和角度去理解问题，创造新的视野和新的观念。

③ 构图简练：要用最简单的方式说明问题，引起人们的注意。

2. 明确的主题

海报作品总是具有特定的内容与主题，因此图形语言也要结合这一主题，在理性分析的基础上选择恰当的切入点，决不能随意表达。任何广告对象都有多种特点，只要抓住一点且表现出来，就必然形成一种感召力，促使广告对象产生冲动，以达到广告的目的。因此海报应力求有鲜明的主题、新颖的构思、生动的表现等创作原则，这样才能以快速、有效、美观的方式，达到传送信息的目的，如图 10-6 所示。

图 10-5

图 10-6

3. 视觉吸引力

一幅视觉冲击力强的作品会使人们情不自禁地停住脚步，耐心地去关注作品所表现的内容，从而给人们留下深刻的印象，让人回味无穷。海报的设计首先要针对不同的对象和广告目的，采取正确的视觉形式；其次，要正确运用创作的手法，可通过矛盾空间、反转、错视、正负形、异形、同构图形、联想、影子等手法；再次，要善于掌握不同的新鲜感，重新组合新创造；最后，海报的形式与内容应该具有一致性，从内容上体现美丽、欢乐、甜美、讽刺、幽默、悲伤、残缺甚至恐惧等主题，这样才能使其吸引力深刻，从而增强画面的视觉冲击力，如图 10-7 所示。

图 10-7

4. 艺术与个性

随着科学技术的进步，海报的表现手段也越来越丰富，促使海报设计也越来越具有科学性。海报设计是在广告策划的指导下，用视觉语言传达各类信息，通过艺术手段，按照美的规律去进行创作。海报设计的个性往往体现在图形的新颖独特、版式的构成形式引人注目等方面。没有个性就没有艺术，从古至今，无数艺术家都在不懈地追求艺术的个性化表现，正因如此，才使得艺术有了不断提高，也使得艺术本身向多元化发展，从而变得更加繁荣昌盛，如图 10-8 所示。

5. 灵巧的构思

海报创意不是客观对象的艺术再现，不是作者主观情感的视觉化，而是在创造出新颖、奇异的同时又能真实、准确地传播信息和传达商品内容的图形视觉语言，这就需要设计有灵巧的构思，使作品能够传神达意，这样的作品才具有生命力。最终，通过富有意趣的图形来引起购买者的兴趣，使商品在消费者心中留下深刻的印象。艺术构思可以运用恰当的夸张和幽默的手法，揭示产品未发现的优点，明显地表现出为消费者利益着想的意图，从而拉近与消费者的距离，获得广告对象的信任，如图 10-9 所示。

图　10-8

图　10-9

海报的艺术构思可以通过语言、构图、内容和表现方式来体现。

精炼的用语： 海报的用词造句应力求精炼，在语气上应感情化，使文字在广告中真正起到画龙点睛的作用。

美观的构图： 海报的外观构图应该让人赏心悦目，给人以美好的第一印象。

准确的呈现： 设计一张海报除了纸张大小之外，通常还需要掌握文字、图画、色彩及编排等设计原则。

优秀的创意： 海报除了选择插画或摄影的方式之外，画面也可以选择纯粹几何抽象的图形来表现。海报的色彩宜鲜明，并能衬托出主题，从而引人注目。海报的编排虽然没有一定的格式，但是必须使画面产生美感，以及具有合乎视觉顺序的动线，因此在版面的编排上应该掌握形式原理，如均衡、比例、韵律、对比、调和等要素，也要注意版面的留白。

10.2　海报设计经典案例欣赏

10.3

实践●提高

● 难易程度

★★★✦

"奇思妙想"海报设计

❯项目创设

　　对于商业广告来说，经常会利用图像处理的手段，将图像转换为创造性的、特别的视觉效果。在下面这个案例中，将会利用模拟报纸印刷的网点效果，结合人物精灵古怪的表情状态，突出人物的漫画感，以增强"奇思妙想"的海报主题效果，如图10-10所示。

❯创作思路

　　首先，确定海报主题为"奇思妙想"。然后，通过主题展开头脑风暴，将这一抽象主题具像化和视觉化，确定体现关键词主体"人"，文本口号"修图技能大赛""奇思妙想""奇术妙法""开始啦"起到传送信息的作用。最后，通过色彩等视觉元素丰富和关联画面。

图　10-10

素材：　"智慧职教"平台本课程中的"Chapter10\10.3'奇思妙想'海报设计"。

案例制作步骤 ▼

1
2
3
4
5
6
7
8
9
10
11

"奇思妙想"
海报设计

案例步骤

具体操作步骤请扫描二维码查看。

10.4　课后练习

一、选择题（共5题），请扫描二维码进入即测即学。

10.4 课后练习

1. 下列关于海报的描述中，错误的是（　　　）。

A. 海报需要具有视觉吸引力

B. 海报必须使用矢量制作，这样可以打印更大的海报

C. 海报需要具有艺术性和个性

D. 海报需要有明确的主题

2. 准备将图像进行印刷品输出，应该将文件设为（　　　）颜色模式。

A. RGB

B. CMYK

C. HSB

D. Lab

3. 由于操作失误不小心用黑色画笔在蒙版上画了一笔，以下操作中可以让画面恢复最初的是
（　　　）。

A. 画笔颜色设置为橙色，在蒙版被画处进行涂刷

B. 画笔颜色设置为黑色，在图像被画处进行涂刷

C. 画笔颜色设置为白色，在蒙版被画处进行涂刷

D. 使用涂抹工具，在图像被画处进行涂抹

4. 如图 10-11 所示，在选中图层蒙版的状态下按住（　　　）快捷键可以显示蒙版编辑模式。

A. Shift

B. Alt

C. Ctrl

D. Ctrl+Alt

图　10-11

5. 如图 10-12 所示，在 Photoshop 中使用"合并图层"命令将图上两个图层合并后，下列说法不正确的是（　　　）。

A. 这两个层将成为一个图层

B. 合并后的图层透明度仍然可编辑

C. 原图层样式被保留并且仍然可编辑

D. 原图层样式消失，效果被应用到新图层中

图　10-12

二、判断题（共 3 题）

1. 在新建文件时，必须提前设置好图像的颜色模式和分辨率，因为在文件建立后无法更改。

（　　　）

2. 当前页面有选区时，执行"选择主体"命令将丢弃当前选区创建新选区，所以当前选区如

果还有用，需要提前保存。 （　　）

3. 如图 10-13 所示，有时需要对图层组进行统一操作，在 Photoshop 中，可以给图层组设置混合模式和剪贴蒙版。 （　　）

图　10-13

Chapter

包装设计

　　包装设计是一门综合性很强的学科，它与科学技术有着紧密相连的关系。从新材料到制作工艺，从生产方式到回收利用，现代包装的基础理论已涉及众多科学，形成了一个有机的知识结构。本章主要介绍产品包装的基础理论、设计要素以及结构设计等内容，使读者通过对包装功能、用途、结构的了解，再运用设计的手法设计出优秀的包装设计。

学习要求	知识技能点	学习目标			
		了解	掌握	熟练	运用
	包装分类及设计原则	⚑			
	将设计元素进行拼贴与融合				⚑
	对文字进行排版			⚑	
	制作立体包装效果展示		⚑		

能力与素质
目标

11.1 包装设计的基础知识

包装具有保护商品、传达商品信息、方便使用、方便运输、促进销售、提高商品附加值的功能。在经济全球化的今天，包装与商品已融为一体。可以说，包装具有商品和艺术相结合的双重属性。

11.1.1 包装的分类 ▽

包装的种类、形式多种多样。按包装的目的划分，可分为两大类，即销售包装和运输包装。其中运输包装的主要目的是储存和运输，应具有良好的保护功能和方便储运、装卸的功能。本章所介绍的主要是销售包装的设计。销售包装即商品包装，除了具有保护功能外，还应更加注重包装的促销和增值功能，以及美化产品、宣传产品的功能。

1. 销售包装

销售包装扮演着推销商品、保护商品的角色。包装需要生产，就会产生成本，而不同种类的商品，其成本在商品价格中所占的比例不同，并且售价也不同。销售包装最大的成本是材料和印刷，其中包装材料以纸板、纸张、塑料袋、塑料瓶、玻璃瓶为主。

纸盒类：彩印盒、白版纸盒、白卡纸盒、棕色（牛皮纸）盒、铝薄卡盒（金银卡纸）、特种纸盒，如图 11-1 所示。

塑料袋：PP、PE、OPP、PVC、PVA，用于各种产品的包装，如图 11-2 所示。

图 11-1

图 11-2

收缩膜：也叫作热缩膜（PE、PP），许多可乐、饮料的瓶标常用这种材料，如图 11-3 所示。

吸塑卡：BlisterCard（BC），用于挂式 POP 包装、玩具、五金工具、电池等，如图 11-4 所示。

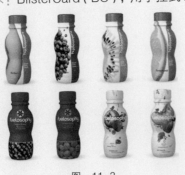

图 11-3

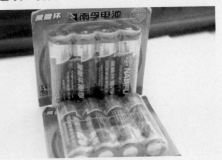

图 11-4

塑料瓶：PP（聚丙烯）、PET材料（涤纶树脂），由最初的碳酸气饮料发展到啤酒瓶、食用油瓶、调味品瓶、药品瓶、化妆品瓶等，如图11-5所示。

玻璃瓶：液体状商品大都选玻璃瓶作为包装，如酒类、饮料类、食用油、酱油、醋、果酱等，如图11-6所示。

图 11-5

图 11-6

2. 运输包装

运输包装是把小包装或者散装商品集装起来，承担着把商品从生产厂家安全、保质、完好无损地运送到销售或消费的目的地。最常见的是牛皮卡瓦楞纸板成型包装材料，也有木材、塑料等其他材料作为运输包装的。瓦楞纸板成本低，便于工业化生产，表面印刷图案文字方便，回收方便。同时由于瓦楞纸的结构特点，其包装安全缓冲效果好。图11-7和图11-8所示为瓦楞纸板包装。

图 11-7

图 11-8

11.1.2 包装设计的原则 ⊙

商品包装应遵循"科学、经济、牢固、美观、适销"的原则，具体参照以下几点。

1. 适应各种流通条件的需要

要确保商品在流通过程中的安全，商品包装应具有一定的强度，应坚实、牢固、耐用。

2. 适应商品特性

商品包装必须根据商品的特性采用相应的材料与技术，使包装完全符合商品理化性质的要求。

3. 符合标准要求

商品包装必须推行标准化，即对商品包装的包装容（重）量、包装材料、结构造型、规格尺寸、印刷标志、名词术语、封装方法等加以统一规定，逐步形成系列化和通用化，以便包装容器的生产，提高包装生产效率，简化包装容器的规格，节约原材料以降低成本，易于识别和计量，有利于保证包装质量和商品安全。

4. 要"适量、适度"

对销售包装而言，包装容器大小应与内装商品相宜，包装费用应与内装商品相吻合。预留空间过大或者包装费用占商品总价值比例过高，都有损消费者的利益。

5. 要绿色、环保

商品包装的绿色、环保要求要从两个方面认识：首先，材料、容器、技术本身对商品和消费者而言，应是安全的和卫生的；其次，包装的技法、材料容器等对环境而言，应是安全的和绿色的。在包装的选材和制作上，应遵循可持续发展原则，做到节能、低耗、高功能、防污染，可以持续性回收利用，或废弃之后能安全降解。

11.2 包装设计经典案例欣赏

11.3

● 难易程度

★★★

普洱茶包装设计

▶项目创设

　　本实例主要运用图层蒙版和画笔工具，制作出浓郁的古香古色风格的茶叶包装效果，最终效果如图11-9所示。先绘制出水墨的质感，再通过组合和偏移等手法，组合出具有水墨风格的包装设计。

▶创作思路

　　先设计好包装盒的正面样式，再运用变换工具对素材进行组合，最后通过绘图和蒙版等功能进一步完善细节。

图 11-9

 素材："智慧职教"平台本课程中的"Chapter11\11.3普洱茶包装设计"。

案例制作步骤 ▼

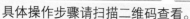

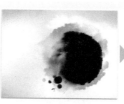

具体操作步骤请扫描二维码查看。

普洱茶包装设计

案例步骤

1
2
3
4
5
6
7
8
9
10
11

11.4 课后练习

一、选择题（共5题），请扫描二维码进入即测即评。

11.4 课后练习

1. 下列关于包装设计原则的描述中，错误的是（　　　　）。

A. 包装需能表达商品特性　　　　　　　　B. 包装需符合制造标准要求

C. 包装需考虑设计的美观性　　　　　　　D. 包装设计无须考虑制作材质

2. 在选中图层后，下列方式无法为图层编组的是（　　　　）。

A. 按 Ctrl+G 组合键　　　　　　　　　　B. 图层右击→从图层建立组

C. 按 Ctrl+E 组合键　　　　　　　　　　D. 选择"图层"→"图层编组"菜单命令

3. 如图 11-10 所示，如果需要将左侧横排文字变为右侧竖排文字，应选择（　　　　）命令完成。

A. A　　　　　　　B. B　　　　　　　C. C　　　　　　　D. D

4. 如图 11-11 所示，在 Photoshop 中，为了将智能对象图层变为像素图层，可以进行的操作是（　　　　）。

A. 栅格化图层　　　B. 替换内容　　　C. 导出内容　　　D. 转换为链接对象

图 11-10

图 11-11

5. 下列对渐变填充工具功能的描述中，错误的是（　　　　）。

A. 如果在不创建选区的情况下填充渐变色，渐变工具将作用于整个图像

B. 不能将设定好的渐变色存储为一个渐变色文件

C. 可以通过编辑渐变颜色的数量，实现两色、三色和多色效果

D. 通过调节渐变参数，也可以实现纯色填充的效果

二、判断题（共3题）

1. 用选区工具制作好选区后，可以直接按 Delete 键删除智能对象层中的像素。　　　（　　　）

2. 在 Photoshop 中，可以通过裁剪工具来直观地扩大或缩小图像的画布大小。　　　（　　　）

3. 如图 11-12 所示，在 Photoshop 中，在"图层"面板中修改"填充"属性和"不透明度"属性得到的效果永远是一样的。　　　　　　　　　　　　　　　　　　　　　　　　（　　　）

图 11-12

数字影像处理职业技能等级标准

数字影像处理职业技能等级分为初级、中级、高级，3个级别依次递进，高级别涵盖低级别职业技能要求。

数字影像处理（初级）：能够采集来自不同介质的数字影像，可对数字影像进行管理、备份和安全存储。能对数字影像进行初步校正和修饰，能分离和重组影像内容元素，能增强图像视觉效果，能输出符合不同介质规范要求的图像文档。可面向电商展示、网络媒体、企业宣传、影视动漫、平面设计、界面设计、游戏美术等图像处理领域。

数字影像处理（中级）：能够熟练掌握影像处理的技术要领，清晰识别不同商业应用领域的标准要求，熟练应用美学及处理规范，精确把握对象形态，深度处理图像的光感、质感和色感，有效营造图像的影调风格，大幅提升图像的整体观感。可面向广告宣传、时尚媒介、人物写真、电商展示、网络媒体、企业宣传、影视动漫、平面设计、界面设计、游戏美术等图像处理领域。

数字影像处理（高级）：能够清晰突出主体调性，精准合成虚拟场景，有效组织创作要素，熟练控制创作过程，全面提升画面的表现力和精致度，并具备处理大型商业项目的综合能力。可面向品牌宣传、数字合成、艺术创作、VR、广告宣传、时尚媒介、人物写真、电商展示、网络媒体、企业宣传、影视动漫、平面设计、界面设计、游戏美术等图像处理领域。

本标准主要面向数字艺术设计行业、摄影及平面设计领域的数字影像处理职业岗位，主要完成各类媒体图像处理、企业宣传图像处理、电商宣传图像处理、平面设计图像处理、广告产品图像处理、各类商业人像图像处理、广告合成、游戏场景合成、3D贴图制作、商业图库修图、数字图像修复等工作。

参加数字影像处理职业技能等级水平考核，成绩合格，可核发数字影像处理职业技能等级证书。

登录"良知塾"官网，了解1+X数字影像处理相关课程。

良知塾1+X职业技能课程介绍

数字影像处理职业技能等级标准（初级）要求对照表

工作领域	工作任务	职业技能要求
1. 图像管理	1.1 素材采集	1.1.1 能采集不同来源的拍摄素材
		1.1.2 能了解和采集不同色彩深度的图像
		1.1.3 能对素材进行安全存储
		1.1.4 能对素材进行安全备份
	1.2 文件管理	1.2.1 能对图像文件进行有效的分类
		1.2.2 能对图像文件标准化命名
		1.2.3 能导入多种格式的图像文件
		1.2.4 能对图像进行多种方式的预览
		1.2.5 能查看图像的基础信息
	1.3 图像转换	1.3.1 能了解不同图像格式及其应用范围
		1.3.2 能根据应用范围将图像转换为适配格式
		1.3.3 能了解不同色彩模式及其应用范围
		1.3.4 能将图像转换为适配色彩模式
	1.4 图像创建	1.4.1 能了解图像分辨率及其应用范围
		1.4.2 能了解图像尺幅及其应用范围
		1.4.3 能了解色彩空间及其应用范围
		1.4.4 能根据应用领域创建适配的图像
2. 图像修饰	2.1 色彩还原	2.1.1 能迅速检查图像的颜色范围及偏色数据
		2.1.2 能熟练通过标准色卡对偏色图像进行校正
		2.1.3 能通过直方图准确判断图像影调缺陷
		2.1.4 能熟练使用调色方式修复影调缺陷
	2.2 图像修复与校正	2.2.1 能熟练校正由镜头引起的光学变形
		2.2.2 能熟练调校建筑的透视变形
		2.2.3 能迅速且准确地识别图像问题特征
		2.2.4 能熟练使用多种方式去除瑕疵及干扰物
	2.3 元素抠取	2.3.1 能了解抠像基本原理
		2.3.2 能通过选区手段进行抠像
		2.3.3 能通过路径手段进行抠像
		2.3.4 能通过绘图手段进行抠像
		2.3.5 能综合使用多种手段对复杂物体进行抠像
	2.4 结构调整	2.4.1 能熟练通过变形手段对结构进行调整
		2.4.2 能熟练对人体结构和体态进行美化
		2.4.3 能熟练对产品结构和形态进行美化
		2.4.4 能熟练通过 3D 手段对产品进行空间贴图

工作领域	工作任务	职业技能要求
3. 图像增效	3.1 主体突出	3.1.1 能熟练通过二次构图手段突出主体
		3.1.2 能熟练通过调色手段分离主体和背景环境
		3.1.3 能熟练通过重构对比色突出主体
		3.1.4 能熟练通过特效手段聚焦主体
	3.2 细节提升	3.2.1 能熟练通过绘图工具增强对象光感
		3.2.2 能熟练通过加深及减淡方式增强对象体积感
		3.2.3 能熟练通过多种手段进行锐化处理
		3.2.4 能熟练通过控制局部反差的方式提升质感
	3.3 影调提升	3.3.1 能熟练使用曲线对图像影调进行精细化调节
		3.3.2 能熟练控制阴影和高光增加图像的影调层次
		3.3.3 能熟练使用 HDR 增强方式提升图像的影调层次
		3.3.4 能熟练使用局部控制的方式增强影调层次
		3.3.5 能熟练使用多种方法获得高品质黑白影像
		3.3.6 能根据需要改变图像的色彩意涵
	3.4 图像合成	3.4.1 能熟练将不同来源的素材合成为新图像
		3.4.2 能熟练创建全焦点合成图像
		3.4.3 能熟练拼贴高分辨率矩阵图像
		3.4.4 能对各组合元素的影调及质感进行全局匹配
	3.5 特效处理	3.5.1 能熟练通过滤镜组合生成材质纹理
		3.5.2 能熟练通过滤镜组合转换图像风格
		3.5.3 能熟练通过滤镜组合创建自然仿真物
		3.5.4 能熟练使用智能滤镜提高编辑效率
	3.6 文字设计	3.6.1 能熟练创建文字
		3.6.2 能熟练编辑文字
		3.6.3 能熟练对文字进行基础排版
		3.6.4 能熟练绘制基本图形
		3.6.5 能熟练创建基于基本图形的文字效果
	3.7 图层样式设计	3.7.1 能掌握多种添加图层样式的方法
		3.7.2 能熟练使用图层样式预设
		3.7.3 能熟练设计图层样式效果
		3.7.4 能保存自定义图层样式

工作领域	工作任务	职业技能要求
4. 图像输出	4.1 批量处理	4.1.1 能根据处理需要建立和设定动作 4.1.2 能载入和修改外部处理动作 4.1.3 能判断符合自动化批处理的工作场景 4.1.4 能熟练对组图进行自动化批处理操作
	4.2 输出管理	4.2.1 能根据不同的介质设置图像分辨率和格式 4.2.2 能根据数字媒体需求执行合适的输出方案 4.2.3 能辨别不同物理介质并执行合适的输出方案 4.2.4 能在打印前熟练对图像进行安全色校准
	4.3 图像存储	4.3.1 能将图像输出为高品质无损图像 4.3.2 能将图像输出为高压缩 Web 图像 4.3.3 能将图层输出为独立文件 4.3.4 能通过色彩管理将图像准确输出到不同平台

读者意见反馈

为收集对教材的意见建议，进一步完善教材编写并做好服务工作，读者可将对本教材的意见建议通过如下渠道反馈至我社。

咨询电话　　400-810-0598
反馈邮箱　　gjdzfwb@pub.hep.cn
通信地址　　北京市朝阳区惠新东街4号富盛大厦1座
　　　　　　高等教育出版社总编辑办公室
邮政编码　　100029